U0204384

中华传统食材丛书

总主编 魏兆军 陈寿宏

家禽卷

主编 胡飞

编委 沈艺 贺蓓 刘翔

合肥工业大学出版社

图书在版编目（CIP）数据

中华传统食材丛书.家禽卷/胡飞主编.—合肥：合肥工业大学出版社，2022.8
ISBN 978-7-5650-5325-2

Ⅰ.①中… Ⅱ.①胡… Ⅲ.①烹饪—原料—介绍—中国 Ⅳ.①TS972.111

中国版本图书馆CIP数据核字（2022）第157774号

中华传统食材丛书·家禽卷
ZHONGHUA CHUANTONG SHICAI CONGSHU JIAQIN JUAN

胡 飞 主编

项目负责人	王 磊 陆向军
责任编辑	赵 娜
责任印制	程玉平 张 芹
出 版	合肥工业大学出版社
地 址	（230009）合肥市屯溪路193号
网 址	www.hfutpress.com.cn
电 话	理工图书出版中心：0551-62903004 营销与储运管理中心：0551-62903198
开 本	710毫米×1010毫米 1/16
印 张	11.25 **字 数** 156千字
版 次	2022年8月第1版
印 次	2022年8月第1次印刷
印 刷	安徽联众印刷有限公司
发 行	全国新华书店
书 号	ISBN 978-7-5650-5325-2
定 价	99.00元

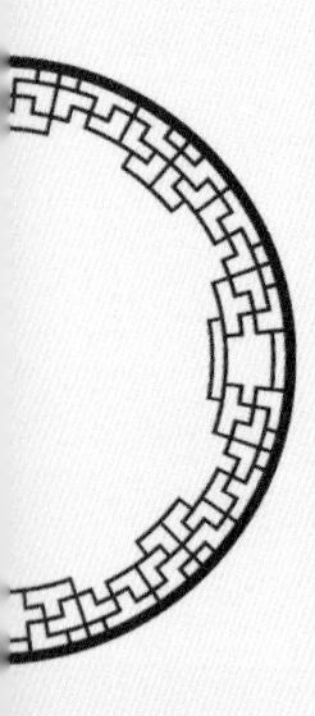

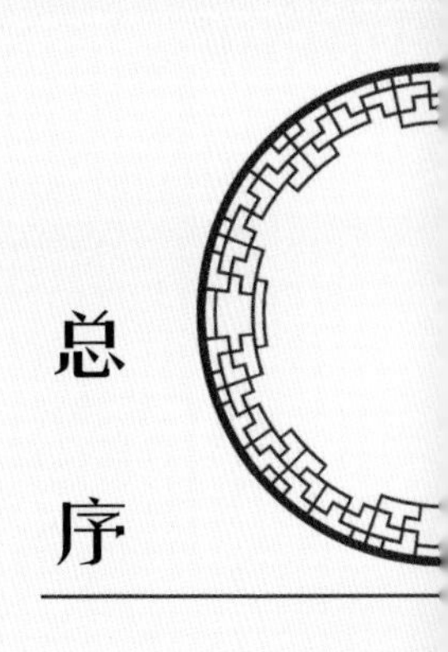

总序

健康是促进人类全面发展的必然要求，《“健康中国2030”规划纲要》中提出，实现国民健康长寿，是国家富强、民族振兴的重要标志，也是全国各族人民的共同愿望。世界卫生组织（WHO）评估表明膳食营养因素对健康的作用大于医疗因素。“民以食为天”，当前，为了满足人民日益增长的美好生活的需求，对食品的美味、营养、健康、方便提出了更高的要求。

中国传统饮食文化博大精深。从上古时期的充饥果腹，到如今的五味调和；从简单的填塞入口，到复杂的品味尝鲜；从简陋的捧土为皿，到精美的餐具食器；从烟火街巷的夜市小吃，到钟鸣鼎食的珍馐奇馔；从“下火上水即为烹饪”，到“拌、腌、卤、炒、熘、烧、焖、蒸、烤、煎、炸、炖、煮、煲、烩”十五种技法以及“鲁、川、粤、徽、浙、闽、苏、湘”八大菜系的选材、配方和技艺，在浩渺的时空中穿梭、演变、再生，形成了绵长而丰富的中华传统饮食文化。中华传统食品既要传承又要创新，在传承的基础上创新，在创新的基础上发展，实现未来食品的多元化和可持续发展。

中华传统饮食文化体现了“大食物观”的核心——食材多元化，肉、蛋、禽、奶、鱼、菜、果、菌、茶等是食物；酒也是食物。中国人讲究“靠山吃山、靠海吃海”，这不仅是一种因地制宜的变通，更是顺应自然的中国式生存之道。中华大地幅员辽阔、地大物博，拥有世界上最多样的地理环境，高原、山林、湖泊、海岸，这种巨大的地理跨度形成了丰富的物种库，潜在食物资源位居世界前列。

“中华传统食材丛书”定位科普性，注重中华传统食材的科学性和文化性。丛书共分为30卷，分别为《药食同源卷》《主粮卷》《杂粮卷》《油脂卷》《蔬菜卷》《野菜卷（上册）》《野菜卷（下册）》《瓜茄卷》《豆荚芽菜卷》《籽实卷》《热带水果卷》《温寒带水果卷》《野果卷》《干坚果卷》《菌藻卷》《参草卷》《滋补卷》《花卉卷》《蛋乳卷》《海洋鱼卷》《淡水鱼卷》《虾蟹卷》《软体动物卷》《昆虫卷》《家禽卷》《家畜卷》《茶叶卷》《酒品卷》《调味品卷》《传统食品添加剂卷》。丛书共收录了食材类目944种，历代食材相关诗歌、谚语、民谣900多首，传说故事或延伸阅读900余则，相关图片近3000幅。丛书的编者团队汇聚了来自食品科学、营养学、中药学、动物学、植物学、农学、文学等多个学科的学者专家。每种食材从物种本源、营养及成分、食材功能、烹饪与加工、食用注意、传说故事或延伸阅读等诸多方面进行介绍。编者团队耗时多年，参阅大量经、史、医书、药典、农书、文学作品等，记录了大量尚未见经传、流散于民间的诗歌、谚语、歌谣、楹联、传说故事等。丛书在文献资料整理、文化创作等方面具有高度的创新性、思想性和学术性，并具有重要的社会价值、文化价值、科学价

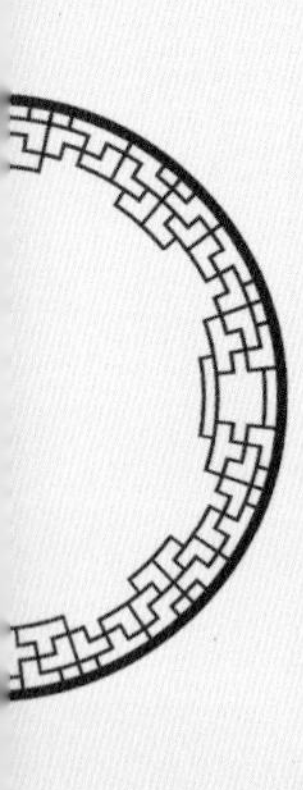

值和出版价值。

对中华传统食材的传承和创新是该丛书的重要特点。一方面，丛书对中国传统食材及文化进行了系统、全面、细致的收集、总结和宣传；另一方面，在传承的基础上，注重食材的营养、加工等方面的科学知识的宣传。相信“中华传统食材丛书”的出版发行，将对实现“健康中国”的战略目标具有重要的推动作用；为实现“大食物观”的多元化食材和扩展食物来源提供参考；同时，也必将进一步坚定中华民族的文化自信，推动社会主义文化的繁荣兴盛。

人间烟火气，最抚凡人心。开卷有益，让米面粮油、畜禽肉蛋、陆海水产、蔬菜瓜果、花卉菌藻携豆乳、茶酒醋调等中华传统食材一起来保障人民的健康！

中国工程院院士 

2022年8月

序

鸡作为人类饲养最普遍、最主要的家禽，对人们的生活有着重要影响。我国饲养鸡的历史悠久：新石器时代出土的陶器上有鸡的形象；商代都城殷墟遗址中出土了家鸡鸡骨，甲骨文里发现了鸡的象形文字；春秋战国时期，鸡已成为农耕社会生产生活中不可缺少的物种；汉代，鸡的品种日益增多，并开始使用家禽调教技术开设鸡场，马王堆汉墓出土的竹简上记载了有关鸡的烹调方法；魏晋时，敦煌壁画中出现了“烫鸡”图；《齐民要术·养鸡篇》详细记载了古代养鸡技术的发展历程和成就。鸡自古被视为祥瑞之物，所谓“鸡者，吉也；雄鸡，乃大吉也”。“鸡”与“吉”音近，在古代和现代均作为吉祥的象征。古代传统文化中，花鸟画中鸡的画作一般统称为“大吉图”，或登高鸣唱，或篱间漫步，或带领雏鸡到处觅食，自由自在，生机盎然，如宋徽宗所绘《芙蓉锦鸡图》和清乾隆刺绣《牡丹雉鸡图》均是寓意大富大贵、平安吉祥之佳作。在现代日常生活中，鸡亦多以吉祥如意的象征物出现，如新春佳节，团圆饭里鸡与鱼是不可或缺的食材，寓意“吉（鸡）庆有余（鱼）”；民间剪纸艺术中的《鸡吃梨》则是“大吉大利”的意思。总之，在从古至今的日常生活中，都可以看到鸡的形象，希望生活能够“有鸡有吉”。

鸭，古称“舒凫”或“鹜”。《尔雅·释鸟》将“凫”视为在野之鸭，而“鹜”为舍饲之鸭。“鸭”在魏晋之际见诸文献，专指“家鸭”，到北魏时已替换了“鹜”。《齐民要术》中“鹜”仅出现5次且均为引用，而“鸭”及其组合词则大量出现。春秋末年，规模化养鸭出现。到了汉代，我国绝大部分地区已饲养家鸭，鸭成为三大家禽之一。中国人食鸭，历史悠久，据《左传》记载："饔人窃更之以鹜"；《战国策》曰："而君鹅鹜有余食"，鹜是指家鸭；《齐民要术》中亦有家鸭的饲养及其烹调方法的记载。

《农业大词典》对"鹅"释义为草食性水禽；鸭科，雁亚科，雁属；头圆、喙短而坚固，颈粗短，体躯丰满，与地面呈水平状态或前躯略高，有的品种有腹褶，少数有咽袋。由于其体态优美、饲养繁殖容易、生殖周期短、忠于主人等特点，曾被列为"六禽"之首。郭郛、张仲葛等学者从《尔雅》等文献中，找到了关于我国家鹅的早期记载。据考证，我国家鹅起源于新石器时代的野雁，且是世界上饲养数量最多、品种资源最为丰富的。《齐民要术·养鹅鸭篇》中，对鹅的选种、孵化、豢养、屠宰及鹅制品的加工等流程进行了全面详细的介绍，说明我国养鹅的技术水平已经有了很高的成就。诗句"有地惟栽竹，无家不养鹅"，便是唐代诗人姚合在《扬州春词》中对江苏、扬州地区养鹅盛况的描绘。到了宋代，鹅已能大量应市消费，其后，我国养鹅业不断发展，养鹅范围遍及大江南北。

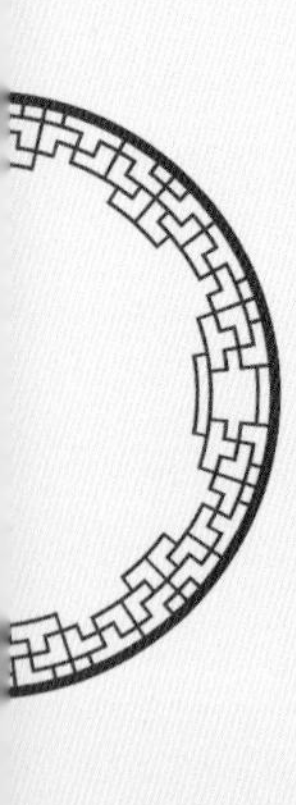

参照《国家畜禽遗传资源品种名录（2021年版）》，本卷选取的鸡地方品种有杏花鸡、文昌鸡、麻鸡、卢氏鸡、乌骨鸡、景阳鸡、黑鸡；鸭地方品种有北京鸭、高邮鸭、建昌鸭、金定鸭、连城白鸭、临武鸭、三穗鸭、绍兴鸭、微山麻鸭；鹅地方品种有皖西白鹅、狮头鹅、兴国灰鹅、籽鹅、豁眼鹅；鸽地方品种有石岐鸽和塔里木鸽；另

外还有特种禽类火鸡、珍珠鸡和中国番鸭。对于所选禽类，本书从物种本源、营养及成分、食材功能、烹饪与加工和食用注意方面具体阐述，并适当配以图片。

限于作者水平，疏漏和不足之处在所难免，敬请读者批评指正！

胡　飞

2022年2月24日

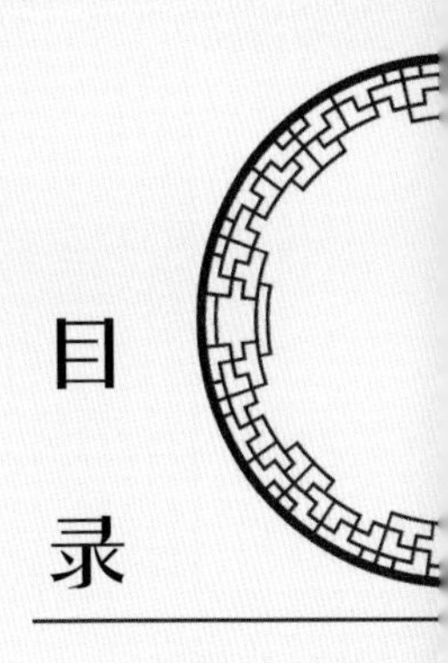

目录

杏花鸡

武距文冠五色翎，一声啼散满天星。
铜壶玉漏金门下，多少王侯勒马听。

——《咏鸡诗　题金鸡报晓图（其一）》（明）唐寅

一、物种本源

种属名

杏花鸡，隶属鸟纲鸡形目雉科原鸡属，又名米仔鸡等。

形态特征

杏花鸡体质结实，结构匀称，被毛紧凑、前躯窄、后躯宽、体形似“沙田柚”，外貌特征可概括为“两细”（头细、脚细）、“三黄”（羽黄、脚黄、喙黄）、“三短”（颈短、体躯短、脚短）。公鸡头大、冠大直立，冠、耳叶及肉垂鲜红色，羽毛黄色略带金红色、主翼羽和尾羽有黑羽，脚黄色；母鸡头小，喙短而黄，体羽黄色或淡黄色，颈基部羽多数有黑斑点形似项链，主翼羽和副翼羽的内侧多为黑色，尾羽多数有黑羽。

习性，生长环境

杏花鸡已有1000多年的养殖历史，早在清朝年间，杏花鸡一直是贡品，直到中华人民共和国成立后仍是广东省活鸡出口的主要品种之一。杏花鸡主产于广东省肇庆市封开县杏花、渔涝一带。因为当地农民将其放养于溪边竹林下或山上松树下，所以杏花鸡常以野草、虫蚁为食。杏花鸡的觅食力强，年产蛋4~5窝，60~80枚。

二、营养及成分

无论是食物蛋白质中的必需氨基酸还是理想模式或参考蛋白中相应的必需氨基酸的比值评分，杏花鸡的第一限制性氨基酸都是蛋氨酸+胱氨酸，第二限制性氨基酸都是缬氨酸。杏花鸡肉有比FAO/WHO理想模型和鸡全卵蛋白还高的赖氨酸值，然而赖氨酸值恰恰是谷物的第一限制性氨基酸，所以以谷物为主食的人们食用杏花鸡能更好

地补充氨基酸。

每100克杏花鸡肉部分营养成分见下表所列。

蛋白质	21.5克
脂肪	2.5克
灰分	1.1克
糖	0.7克
磷	190毫克
钙	11毫克
维生素B_3	8毫克
铁	1.5毫克

三、食材功能

性味 味甘，性温。

归经 归脾、胃经。

功能

（1）杏花鸡肉有温中益气、补虚填精、健脾胃、活血脉、强筋骨的功效。

（2）杏花鸡肉对营养不良、畏寒怕冷、乏力疲劳、月经不调、贫血、虚弱等症有很好的食疗作用。

四、烹饪与加工

杏花鸡炖榛蘑

（1）材料：杏花鸡、榛蘑、粉丝、白糖、生抽、老抽、料酒、葱、姜、油、食盐适量。

杏花鸡炖榛蘑

（2）做法：榛蘑用清水洗净，温水泡发，剪去硬根；粉丝用清水洗净，温水泡发；杏花鸡解冻，并斩成小块。起锅烧热水，鸡块下锅，焯去血水，捞出沥干。起油锅放入白糖化开，下入鸡块炒至糖色；倒适量生抽、老抽、料酒炒香，加入葱、姜；倒适量清水，大火煮开；加入泡好的榛蘑小火炖煮收汁，出锅前加盐即可。

可乐杏花鸡

（1）材料：杏花鸡、辣椒、洋葱、芒果、姜、八角、白酒、可乐、生抽、老抽、油、食盐适量。

（2）做法：将辣椒切菱形片、洋葱切丝、芒果去皮去核切成小块、姜切片、杏花鸡斩成小块，备用。倒入半锅清水，鸡块下锅，焯去血水，捞出沥干。起油锅，下洋葱丝煸香，加入鸡块，翻炒，加入姜片、八角、白酒、可乐、生抽、老抽。熬至汤汁浓稠，加食盐，放入辣椒片、芒果块，翻炒均匀即可出锅。

盐焗杏花鸡

（1）预加工：选择健康的杏花鸡宰后，使用脱毛机烫毛、褪毛，水温60℃左右，时间2分钟；腹下横切5厘米，将肠及内脏拉出；净膛后放入清水中漂洗；漂洗后的鸡沥干水分，直至鸡表面呈现风干的状态。

（2）加工：用食盐均匀擦抹鸡腔，放入料酒、葱、姜、八角末、胡椒粉腌制适当时间。

（3）成品：将腌制好的鸡先用一张草纸包裹好，然后在鸡外面包2层锡纸，向锅底放入炒热的粗食盐，将包好的鸡放入高压锅，再放炒热的粗食盐覆盖在鸡上，盖好锅盖，开小火焗一定时间，关火焖10分钟，即可。

盐焗杏花鸡

五、食用注意

（1）肝阳上亢及口腔溃疡、皮肤疖肿、大便秘结者不宜食用。

（2）肾病患者应尽量少食，尤其是尿毒症患者应该禁食。

生肖鸡的传说

玉帝册封生肖，只考虑对人类有功劳的畜兽，家禽类的鸡根本排不上号。有一天，鸡王看到已被封为生肖的马受人宠爱，披挂着金鞍银镫，心中十分羡慕。马见此情景就开导鸡说：“要得到人们的爱戴并不难，只要你能发挥自己的长处，给人们实实在在地办点事情就行了。你天生一副好嗓子，若用到恰当之处，说不定会对人类有所贡献呢。”

鸡王回到家中苦思冥想，终于想到了用自己的金嗓子在黎明时分唤醒沉睡的人们的方法。于是，每天拂晓鸡王就早早起床，放开嗓子歌唱，把人们从睡梦中唤醒，人们对鸡王十分感激。可是，当时玉帝封生肖的标准只定在走兽类，不要飞禽，这可急坏了鸡王。

一天晚上，鸡王辗转难眠，迷迷糊糊中一缕幽魂飞上天宫，他在玉帝面前哭诉。玉帝细想，鸡王的功劳也不小，自己规定的挑选生肖的标准确实有误，于是便摘下身边的一朵红花儿戴在鸡王头上，以示安慰和嘉奖。

鸡王醒来后，发现头上真的有朵大红花，于是便戴着大红花去见四大天王。四大天王认出这是玉帝的“御前红花”，就破格让鸡王参与生肖席位的竞争。

到了争排生肖座次的那一天，鸡与狗同时起床，相伴而行。待快到天宫时，鸡怕狗占先，便连飞带跑地抢在狗的前面。待狗缓过神儿来，抬头看时，鸡早已坐在生肖的第十把交椅上了！无奈，狗只好坐在鸡的席位之后。从此，狗对鸡再无好感，见到鸡就追赶。而鸡呢，至今还是头戴一朵大红花，每天忙着司晨。

文昌鸡

买得晨鸡共鸡语，常时不用等闲鸣。
深山月黑风雨夜，欲近晓天啼一声。

——《鸡》（唐）崔道融

一、物种本源

种属名

文昌鸡，隶属鸟纲鸡形目雉科原鸡属，又名蔡氏鸡等，是以海南省文昌市命名的海南特色家禽品种。

形态特征

文昌鸡体形方圆，脚胫短细，皮薄骨酥，肉质香甜嫩滑，肥而不腻，营养丰富。

习性，生长环境

文昌市地处海南岛的东北，属热带北缘沿海地带，具有热带和亚热带气候特点，属热带季风岛屿型气候。全年无霜冻，四季分明；雨量丰沛，但时空分布不均，干、湿季明显，春旱突出，雨季主要集中在5—10月份间的汛期，雨量占全年的80%，这一生产条件对于发展热带农业十分有利。文昌鸡就是在这样一个具有自然生态和丰富的人文历史的地方诞生的，这也铸就了文昌鸡香甜嫩滑的独特肉质风味。

文昌鸡已有300多年的养殖历史。以文昌鸡制作的“文昌白切鸡”“文昌烧鸡”“文昌椰奶炖鸡”“文昌鸡罐头”“文昌鸡饭”和“文昌椰奶鸡饭”等作为文昌传统美食，在中外饮食文化的历史长河中已驰誉几百年。

二、营养及成分

文昌鸡肉基本营养成分如下：粗脂肪含量约为1%，粗蛋白含量约为24%，灰分含量约为2%。由此可知，文昌鸡是一种高蛋白、低脂肪、低热量的健康肉类食品原材料。

三、食材功能

性味 味甘，性微温。

归经 归脾、胃、肝、肾经。

功能

（1）文昌鸡肉有温中益气、补虚填精、健脾胃、活血脉、强筋骨的功效。

（2）文昌鸡肉对营养不良、畏寒怕冷、乏力疲劳、月经不调、贫血、虚弱等症有很好的食疗作用。

（3）文昌鸡肉中蛋白质的含量高、种类丰富、消化率高，易被人体吸收利用。

（4）文昌鸡肝含有丰富的蛋白质、钙、磷、铁、锌以及多种维生素。鸡肝中铁质丰富，是最常用的补血食物。

四、烹饪与加工

白切文昌鸡

（1）材料：文昌鸡、食盐适量。

（2）做法：在处理干净的文昌鸡胸腔内和身上均匀地抹上一层薄薄的食盐，稍微按摩一下，锅内放水，将整只文昌鸡放入锅内，开大火煮。煮10分钟左右，用筷子将整只文昌鸡夹住提起，沥一下鸡胸腔内的水；再将鸡放回锅内继续煮10分钟左右。用筷

白切文昌鸡

子插入鸡身上，如果筷子可以轻松地插入，即煮熟。鸡捞出锅，盘内放凉，切块装盘，蘸调料后即可食用。

椰子文昌鸡

（1）材料：文昌鸡、椰子、党参、黄芪、枸杞、大枣、食盐适量。

（2）做法：文昌鸡洗净，斩成小块。选椰子，取椰汁、椰肉；将党参、黄芪、枸杞、大枣洗净备用。陶瓷锅里加入椰汁、椰肉、党参、黄芪、枸杞、大枣，再加一大碗水（水量不能超过椰汁的量）；水开后加入鸡块，煮沸后撇净鸡油，小火煲15分钟，出锅前加食盐即可。

文昌鸡饭

（1）材料：文昌鸡、姜、蒜、葱、鸡精、食盐、大米适量。

（2）做法：姜、蒜切片，葱切段，文昌鸡屠宰洗净后，取出鸡油，把鸡爪反扭插进鸡下腹洞内固定不动，将鸡头仰屈，将鸡膀窝捏住，向鸡腹里放入数片姜、少许鸡精，并在表皮上刷上适量的食盐。放进开水里先用文火煮至鸡皮变黄，接着用细火慢煮，等熟时便将鸡捞出留下鸡汤。大米用清水淘洗干净并控干；鸡油放入干净炒锅，加入少许水和葱段，用小火慢慢把鸡油熬成液体状，待油渣呈棕黄色时捞出不用。用鸡油小火煸香姜片和蒜片，倒入大米略炒，再加食盐炒匀；倒入电饭煲中，加鸡汤，鸡汤和大米的比例为1：1；煮成米饭，挑出姜片和蒜片即可。

椰子文昌鸡

速冻文昌鸡

（1）预处理：选择健康的优质文昌鸡，宰后机械脱毛、冲洗，切开腹部，清除内脏，清洗干净。

（2）加工：鸡与料液按照1∶1.2的比例腌制24小时，温度0～4℃。

（3）成品：腌制后沥干水分，真空包装，冷冻储存。

五、食用注意

（1）湿热体质、特禀体质者不宜食用文昌鸡。

（2）感冒患者不宜食用文昌鸡。

鸡公对鸭婆

从前有个书生，来到塘边看老翁放鸭，老翁说："你是个读书人，会作文对句，我出个对子，咱们来对对。"书生想，和放鸭的老翁对对子有何难？就满口答应。只见老翁指着塘里的鸭子，随口念出上联："鸭婆无鞋勤洗脚。"书生想了半天也没对上，老翁允许他回家慢慢对。书生回家闷闷不乐，母亲问明缘由，对儿子说："对对子也得从日常事中想，他说'鸭婆'，你可对'鸡公'；他说'脚'，何不对个'头'？"在母亲的启发下，书生望着院子里咯咯乱叫的鸡群若有所思。突然，他高兴地喊道："对上了，对上了。"边说边跑到老翁家中说："下联是'鸡公有髻懒梳头'。"

麻鸡

三更灯火五更鸡，正是男儿读书时。
黑发不知勤学早，白首方悔读书迟。

——《劝学》（唐）颜真卿

一、物种本源

种属名

麻鸡，隶属鸟纲鸡形目雉科原鸡属，因其鸡背羽面上点缀着无数的芝麻样斑点而得名。

形态特征

麻鸡属小型优质肉用鸡种，其特征为“三黄”（脚黄、嘴黄、皮黄）、“二细”（头细、骨细）、“一麻”（毛色麻黄），它以肉质嫩滑、皮脆骨细、味美鲜香、风味独特而驰名国内市场。

习性，生长环境

麻鸡是我国著名的土鸡之一。全国多个地方都有养殖，品种包括清远麻鸡、淮北麻鸡、崇仁麻鸡、广西麻鸡等。

清远麻鸡在我国尤为普及，年饲养量400万只以上，最高年上市量达98.5万只。清远市位于广东省中北部，土地比较肥沃，经济较为富裕，有农、林、牧、副、渔全面发展的自然条件，养禽业比较发达，被誉为“三鸟之乡”。此外，由于丘陵山岗较多，青竹遍布，灌木丛生，四季常青，天然食饵丰富，为养鸡提供了优越的条件。清远麻鸡就是在这样良好的自然条件下早于宋朝便被清远劳动人民所喜爱，并经饲养选育而成。

二、营养及成分

麻鸡肉基本营养成分如下：粗脂肪含量为8.3%，粗蛋白含量为21.9%，羟脯氨酸含量为7.4%。麻鸡肉的物理指标如下：肉色值中亮度为48.4，红度为3.5，黄度为4.7，嫩度值为3.4，持水性达到了二级。由此可知，麻鸡肉是一种高蛋白、低脂肪、低热量的健康肉类食品原材料。麻鸡肉中氨基酸比例合理，营养较全面，是优质蛋白质来源。

三、食材功能

性味 味甘，性微温。

归经 归脾、胃、肝、肾经。

功能

（1）麻鸡肉有温中益气、补虚填精、健脾胃、活血脉、强筋骨的功效。

（2）麻鸡肉具有显著的“三高一低”特点，即可食部分营养价值高、人体必需氨基酸含量高、维生素含量高、胆固醇含量低，适合各年龄段人群食用。

（3）麻鸡肉对人体补精益气、健体养颜有独特功效，有利于降低胆固醇和防止动脉粥样硬化，对冠心病、高血压等疾病具有显著的改善作用，是促进儿童生长发育与老人延年益寿、改善产妇虚弱缺奶问题的良好滋补品。

四、烹饪与加工

白切麻鸡

（1）材料：麻鸡、姜、蒜、葱、白糖、油、食盐适量。

（2）做法：将姜、蒜和葱头切碎，加入食盐、白糖拌匀即得姜蓉。锅内放油烧滚，将部分滚油浇入姜蓉，拌匀即可得姜蓉蘸料，剩下的熟油备用。锅内加入清水，放葱白和姜片，盖上锅盖，开大火煮开；待水烧沸后，把麻鸡肉放入锅内煮至鸡肉紧缩时，捞起；准备好冰块和凉开水，把捞起的鸡肉放入冰水里浸泡至冷却。泡冷后，接着把鸡肉放回锅内煮，此时火要调成小火，煮一会儿继续把鸡肉捞起泡冰水，如此反复三次，最后把鸡肉放回锅内，浸泡10分钟，然后捞起放凉。放凉后在鸡肉上刷上一层熟油，待吃的时候切块食用或蘸姜蓉蘸料食用。

白切麻鸡

爆炒麻鸡

（1）材料：麻鸡、食盐、姜、蒜、生抽、老抽、葱、油、蚝油适量。

（2）做法：将麻鸡肉斩块加食盐腌制10分钟；锅加热，加油、姜爆香；鸡肉有皮面先下锅煎，煎至鸡皮金黄后翻炒；然后加上蒜、生抽、老抽、水，盖上盖煮10分钟，煮好后放上葱段、淋入蚝油翻炒，起锅。

烧鸡

（1）预处理：原料麻鸡选用健壮合格的个体，宰后进行浸渍褪毛，清除内脏，清洗干净；采用流动水浸泡解冻，将鸡翅、头、腿盘好后放入周转箱，将蜂蜜按一定比例用饮用水稀释，采用机械化喷（或浸）糖或人工操作方式直接在鸡表面涂糖。将涂好糖液的鸡放入加热的植物油中，待鸡体呈均匀的金黄色时，即可捞出。

（2）加工：将原先配好的香辛料用纱布包好放入锅底，加入老卤。将选好的原料麻鸡用旺火煮制，再转小火低温慢煮，温度控制在一定范围，等熟后捞鸡出锅。捞鸡前去除表面浮油，鸡捞出时控净鸡体内卤液，自然凉透。

（3）成品：卤制好的整鸡装袋包装，产品整齐摆放于杀菌车内，推入杀菌锅杀菌，结束后，迅速将产品温度降至室温。将杀菌且包装好的产品沥干水分，整齐码放，包装入库。

烧 鸡

五、食用注意

患严重皮肤疾病者不宜食用。

鸡只能活三年的传说

相传公鸡因有凤凰血统，一直在天庭，是一只天上的仙鸡，专司报晓之职。有天夜里，太上老君炼丹时叫它去东海龙宫取水，并告诉它：“快去快回，莫贪人间景色，莫吃凡间不吉之物。”

公鸡平素就很贪玩，好热闹。它听了太上老君的吩咐后，带上盛水的瓶子，拿着明晃晃的火把，驾着祥云就来到了人间。一只只动物被它惊吓得直往外蹿，躲的躲，逃的逃。

看到这，公鸡开心极了，挺着高傲的脑袋，自由自在、随心所欲地在凡间逛荡，任何人也奈何不了它。它哪里还想到取水的事？它来到龙潭边，伸长脖颈往清澈见底的水中一看，潭底那金碧辉煌的龙宫一下勾住了它的双眼，它立刻来了兴致，一头扎进水里，像鱼儿一样游到了龙宫。

龙宫金瓦银柱，飞檐翘角，雕梁画栋，美丽无比。“这里可是个好地方，我要里里外外地先玩个够再说”，公鸡自语着。忽儿飞到梁上，忽儿落到堂中，尽情欢娱，任意飞跳，把幽静的龙宫闹翻了天。龙王知其情况后大怒，命兵将把公鸡驱逐出了龙宫。

公鸡狼狈地逃回到岸上，觉得浑身乏力，肚子咕咕叫，便去找东西吃，此时它早忘了干什么来了，太上老君的嘱咐已被它抛到了脑后。它只想着吃东西，再不管干净不干净，只要能填饱肚子的东西就啄进嘴里，咽进肚里。再说，太上老君在天上等着用水，可一等再等，就是不见公鸡回来。眼看天就要亮了，再不喊公鸡回来，便永远回不到天上了。于是，他便朝大地喊公鸡。

公鸡听见主人呼唤，才想到它要做的事，于是赶紧去龙潭取水，却发觉装水的瓶子丢了。这可怎么办呢？它想空手回去，又怕主人斥责，急得像热锅上的蚂蚁一样团团转。看看天，主人的喊声一声紧似一声。它明白，再不回去，就永远回不到天上了，没办法，它只好硬着头皮先回去再说，便边拍打双翅，边朝天答应："喔喔——来啦！"

这时候，奇怪的事情发生了，无论仙鸡怎样用力展翅，也飞不起来了。它这才想起临来时太上老君叮嘱它的话，人间美食已经将它俗化了，它再也不能回天上去了。

公鸡后悔莫及，可它又不甘心，于是每天到天亮的时候（也就是太上老君喊它的时间）就朝天上"喔喔"地叫……

卢氏鸡

茅檐低小，溪上青青草。
醉里吴音相媚好，白发谁家翁媪？
大儿锄豆溪东，中儿正织鸡笼。
最喜小儿亡赖，溪头卧剥莲蓬。

——《清平乐·村居》
（宋）辛弃疾

一、物种本源

种属名

卢氏鸡，隶属鸟纲鸡形目雉科原鸡属。

形态特征

卢氏鸡体形较小，肉质结实紧凑，后躯丰满，体躯呈截锥形，腿较长；羽毛紧贴躯体，公鸡羽色以红黑色为主，母鸡羽色以麻色居多；喙、胫呈青灰色。

习性，生长环境

卢氏鸡具有个体轻巧、觅食力强、耐粗饲、产蛋多、抗病性强、抗逆性强、适应性广、性情温顺、喜群居、肉质鲜嫩、风味独特等特点，具有可产独特的绿壳蛋等遗传资源特点，还兼具较高的观赏性和科研价值。卢氏鸡是河南省特有的一个古老珍稀的原始鸡种，河南省卢氏县地处秦岭东端，北有崤山，中有熊耳山，南有伏牛山横跨全境，以熊耳山为分水岭，北属黄河流域，南为长江流域，境内有大小山峰4037座，河流2400余条，主要河流有洛河、淇河、灌河等，素有“八山一水一分田”之称。特殊的地理位置和良好的自然环境，使卢氏县成为动植物资源的宝库。

二、营养及成分

卢氏鸡肉具有高蛋白、低脂肪、肉质鲜嫩、营养丰富的特点，是理想的营养食品。

每100克卢氏鸡肉部分营养成分见下表所列。

蛋白质	25克
总氨基酸	18克
脂肪	2.2克
灰分	1.2克

三、食材功能

性味 味甘，性微温。

归经 归脾、胃、肝、肾经。

功能

（1）卢氏鸡具有延年益寿、强身健体、益智保健等功效。

（2）卢氏鸡富含大量对人体神经发育有重要作用的卵磷脂、脑磷脂和神经鞘磷脂，同时含有较多胆碱物质，这些物质可帮助人体增强记忆力，经常食用能增强免疫功能。

（3）卢氏鸡肉营养丰富，对儿童厌食、挑食、免疫力低下，中老年人心脑血管病、糖尿病、失眠、衰老等有明显的食疗辅助作用。鸡肉蛋白质含量高，营养丰富，醇香可口，后味悠长，可滋补养颜。

四、烹饪与加工

香菇鸡肉粥

（1）材料：卢氏鸡、香菇、青菜、大米、食盐、胡椒粉适量。

（2）做法：将大米提前1小时浸泡，捞出后把水沥干放入锅中。将大米翻炒使其表面糊化，备用。另起锅，加水，大火将水烧开后，放入大米转小火煮20分钟。香菇去蒂后切丝、青菜切段、鸡肉切丝，鸡丝放入水中泡5分钟后，挤掉水，加少量食盐搅匀。向煮大米的锅中加入香菇

香菇鸡肉粥

丝、鸡丝小火煮30分钟，加入青菜段小火煮数分钟后加适量食盐、胡椒粉，搅匀即可。

鸡肉炖土豆

（1）材料：卢氏鸡、土豆、青椒、红辣椒、姜、蒜、葱、油、蚝油、生抽、老抽、食盐适量。

（2）做法：土豆洗净削皮切块、青椒切段、红辣椒切段、葱切段、姜切片、蒜切丁备用；卢氏鸡斩小块，锅中清水烧开，下鸡块焯水后捞出沥干水分。锅热油下葱段、红辣椒段、姜片、蒜丁爆香；下鸡块，稍微翻炒下；加入生抽、蚝油、老抽，翻炒3~5分钟；加入开水没过鸡块，大火烧开，转移至砂锅。小火慢炖至鸡肉熟透；再加入土豆块、青椒段炖至土豆熟透，加适量食盐搅匀即可。

卢氏烤鸡

（1）预处理：选用健康的优质卢氏鸡，宰后将鸡毛全部摘除干净，去掉内脏，清洗干净。

鸡肉炖土豆

（2）加工：将净鸡放入事先配好的料水中，腌制12小时；将姜粉、五香粉、盐、芝麻等制成混合香料，均匀抹在鸡内膛；将肉鸡的胸部和尾部的刀口用铁针穿缝起来，以鸡膛中的添加料不漏出为标准。蜂蜜用热水稀释，将整形好的鸡浸泡于蜂蜜水中。

（3）成品：烤炉旋转烤制，出品。

五、食用注意

（1）肝阳上亢及口腔糜烂、皮肤疖肿、大便秘结者不宜食用。

（2）患严重皮肤疾病者不宜食用。

龙角是鸡的传说

龙原来没有角，去参加生肖大会时，走到半路上，碰到大公鸡。鸡的羽毛非常漂亮，还有一对树枝似的角，更是好看。

龙说：“鸡弟弟，你好，你的喉咙又好，羽毛又漂亮，就是小角长得反而不好看，不如把角借给我，装装体面，开完会还你，到时，我谢谢你。”

公鸡一听：“不借，不借。”

“为什么不借？”

“如果你不守信用，不还我，我向谁要呢？”

“好大哥，我一定还你，不信我请个保人怎么样？就请蜈蚣大姐担保吧。”

公鸡一听蜈蚣的劝说，就把角借给龙哥哥了。

龙有了角，高兴得在天上翻滚。到生肖会上一选，被选为第五位，公鸡却被选为第十位。公鸡不服气地说：“龙有多大本事？不是我的角借给它，它怎能选上第五位？”越想越气，当着众人对龙叫起来：“喂，你把角还我。”

龙一听，这呆公鸡当众要债像话吗？嘿，才不睬它，一个滚动，驾云下东海去了。

这下鸡急坏了，追又追不上，拉又拉不住，怎么办？找保人去，它找到蜈蚣要角。

蜈蚣说：“你向龙要去。”

“我要不到，它下海了。”

蜈蚣说：“媒人不挑担，保人不还钱。借随你，不借也随你，关我什么事。”公鸡一听骂道：“你这坏蛋，你不多嘴，我是不借的，现在就向你要。”蜈蚣一听，不得了，逃走为妙，它往土下一钻，走了。

公鸡追，追不到，用两脚扒，“你这坏东西，我扒到你非吃你不可！”扒累了，又叫：“龙哥哥，角还我！”叫一阵又扒，就是睡到半夜，想到角也叫：“龙哥哥，角还我！”

乌骨鸡

千古一灵根，本妙元明静。
道个如如已是差，莫认风番影。
枯木夜堂深，默坐时观省。
月落乌鸡出户飞，万里关河冷。

——《卜算子·千古一灵根》
（宋）向子諲

一、物种本源

种属名

乌骨鸡，隶属鸟纲鸡形目雉科原鸡属，又名乌鸡、药鸡、武山鸡、黑脚鸡等，为我国特产鸡种。

形态特征

乌骨鸡外形奇特，因骨骼乌黑而得名，体躯短矮而小，鸡头较小，头颈较短，耳叶的颜色较特殊，呈绿色略带紫蓝色。常见的乌骨鸡，遍身羽毛洁白，头顶凤冠，故有“乌鸡白凤”的美称，除两翅羽毛以外，其他部位的毛都如绒丝状，头上还有一撮细毛高突蓬起，骨骼乌黑，连嘴、皮、肉都为黑色。典型的乌骨鸡具有丛冠、缨头、绿耳、胡须、丝毛、五爪、毛脚、乌皮、乌肉、乌骨十大特征，有“十全”之誉。

习性，生长环境

乌骨鸡原产于我国江西省泰和县。现在，乌骨鸡的生产基地主要分布于我国南方各省，北方部分地区亦有饲养。

二、营养及成分

每100克乌骨鸡肉部分营养成分见下表所列。

蛋白质	22.3克
脂肪	2.3克
碳水化合物	0.3克
钾	0.3克

营养成分	含量
磷	210毫克
胆固醇	106毫克
钠	64毫克
镁	51毫克
钙	17毫克
维生素B_5	7.1毫克
铁	2.3毫克
维生素E	1.8毫克
锌	1.6毫克
铜	0.3毫克
维生素B_2	0.2毫克

三、食材功能

性味 味甘、咸，性平、温。

归经 归脾、胃、肝、肾经。

功能

（1）乌骨鸡肉具有补肝肾、清虚热、健脾补中的作用。

（2）乌骨鸡肉主治肝肾阴虚、骨蒸潮热、盗汗、消渴、遗精、脾虚、崩中、白浊、下痢等症。

（3）乌骨鸡肉中铁、钙、蛋白质的含量高，适宜老年人、儿童、妇女，特别是产妇食用；可以防治老年人骨质疏松、小儿佝偻、妇女缺铁性贫血等症。

四、烹饪与加工

归芪乌骨鸡汤

（1）材料：乌骨鸡、香菇、姜、葱、当归、黄芪、红枣、枸杞、料酒、胡椒粉、鸡精、食盐适量。

（2）做法：乌骨鸡洗净后去除内脏和爪，放进温水里加入料酒，用大火煮。水开煮10分钟后捞出乌骨鸡，放清水洗去浮沫，除去血腥味。把乌骨鸡放入有温水的砂锅里，将葱、姜、香菇、当归、黄芪、红枣、枸杞一起放入锅中，用大火煮；待锅开后再改用小火炖。炖2小时后加入适量的食盐、胡椒粉和鸡精即可出锅。

人参乌骨鸡汤

（1）材料：乌骨鸡、干人参、枸杞、红辣椒、葱、姜、料酒、食盐、鸡精、油适量。

（2）做法：红辣椒切片；干人参用温水泡软后洗净切段，放入砂锅中，加入高汤上屉蒸30分钟左右捞出。乌骨鸡从脊背处劈开，入沸水锅中略焯一下取出。将原汤烧开，撇去浮沫倒入砂锅中；放入乌骨鸡，加料酒、葱段、姜片、蒸过的人参、枸杞及油，盖严砂锅盖，旺火烧开后，改用小火炖2小时左右，加适量红辣椒片、食盐、鸡精即可出锅。

人参乌骨鸡汤

真空卤乌骨鸡

（1）预处理：选择重量在500克左右的新鲜优质乌骨鸡，宰杀后去毛及鸡表面杂物，用清水清洗鸡内脏。将花椒盐敷擦于鸡体表面和体腔内壁，花椒盐用量为鸡重的2.5%，常温腌制3~4小时，清水洗净沥干。

（2）加工：将乌骨鸡放入沸水中烫漂3~5分钟取出，将各种香辛料放入卤汤浸没鸡身，用旺火烧至卤汤冒小气泡，改用文火焖煮3~4小时可熟透。将油在锅中加热至180℃，把鸡整只放入翻炸2分钟后迅速捞出，依次摆放凉透。选择复合薄膜高温蒸煮袋，每袋装一只乌骨鸡，真空封口。封口处切忌被油污染，以免影响封口质量。蒸煮袋封口后，应尽快杀菌，其间隔时间不得超过30分钟。

（3）成品：杀菌后迅速冷却至37℃以下、小心取出。擦干袋外水分，点数入库，袋子必须平整码放，不得折损。在37℃下保温一周后检查有无胖袋，检验合格后即为成品。

五、食用注意

（1）邪气亢盛、邪毒未消和患严重皮肤疾病者宜少食或慎食。

（2）严重外感疾患者不宜食用。

（2）患心脑血管疾病、高血压及高血脂者，应注意少食或忌食。

乌鸡白凤丸的由来

有一年，徐州一带发生瘟疫，华佗从安徽来到徐州行医。期间，华佗母亲病重，堂兄用小车子把华佗母亲推到徐州。母亲拉着华佗的手，老泪纵横。华佗为安慰母亲，便把徐州地区瘟疫情况和他在外为人治病的经历说了一遍。母亲听了转悲为喜，说："儿呀，只要你能学到治病的本领，为贫苦人家治好病，娘在九泉之下也瞑目了。你堂兄把我送来，俺娘儿俩说说话，娘到阴间也安心了。"华佗忙为母亲诊病，见脉沉迟无力，生命危在旦夕，立即取人参煮汤给母亲喝，略有好转，但一停药，病情又重。华佗抓住母亲的手说："娘，你前来望儿给你看病，可孩儿无能，不能尽孝，实在难过，现请堂兄送你回家，待孩儿将这几个病重者治过，随后就赶到你身边。"母亲应允。华佗把堂兄喊到一边，轻声说："哥！俺娘的病很险，六脉欲绝，估计不出三五天，将要离开人世。劳驾你途中多照顾，我已备有人参汤和急救药以便途中饮用，我随后就赶回家。"

华佗含泪送走母亲后，连忙把病人一一安排妥当，第二天起早就往家乡赶。到了家，竟发现母亲站在那里，声音洪亮。华佗惊喜万分，疑惑地问堂兄："你在路上给母亲吃过什么东西？"堂兄说："没有吃什么，只是在路上住在符离集一户人家时，婶娘想喝口鸡汤，全集上几十户人家养的全是母鸡，谁也舍不得卖，只有住户家养了一只公鸡，好说歹说才买了下来。我把你交给我的人参汤和急救药掺在一起煮了两三碗汤，先让婶娘喝了半碗，她越喝越想喝，一口气喝了一碗多。第二天清早，我又把余汤热了叫婶娘全喝了。想不到婶娘喝了它病倒好了许多。"

华佗问："是只什么样的鸡?"堂兄说："白絮毛，凤头，鸡皮都是黑色的。"华佗听罢，心里明白，原来是乌鸡在汤里起了作用，立即用笔记下，又在集上买了一只同样的乌鸡给母亲煮汤喝，母亲的病很快痊愈了。后来，华佗又用此方治好了许多患与母亲一样病症的妇女。

开始，华佗把此方命名为"集户鸡汤"，记在《青囊经》里。由于华佗这部医书失传了，人们后来用乌鸡、人参、牡蛎、当归、熟地黄、香附、银柴胡等配制成丸药，专治妇女因气血两亏引起的各种疾病，取名为"乌鸡白凤丸"。

景阳鸡

故人具鸡黍，邀我至田家。
绿树村边合，青山郭外斜。
开轩面场圃，把酒话桑麻。
待到重阳日，还来就菊花。

——《过故人庄》
（唐）孟浩然

一、物种本源

种属名

景阳鸡，隶属鸟纲鸡形目雉科原鸡属，因其原产于湖北省恩施土家族苗族自治州建始县景阳镇而得名。

形态特征

景阳鸡按羽色分为两种类型，一种是栗麻，一种为黄麻。栗麻鸡的项羽、主翼羽、主尾羽末端羽毛呈黑色；背羽、腹羽、鞍羽呈浅栗麻色；其他部位呈栗麻色。黄麻羽公鸡羽色红亮，背羽、腹羽、鞍羽等其他部位呈黄麻色；母鸡全身羽毛呈浅黄麻色。从雏鸡到成年鸡各部位羽毛颜色均有由浅到深的变化过程。景阳鸡喙呈乌色，喙尖呈米黄色（蜡黄）带钩；皮肤以乌色为主，少量浅灰色，胫多青色或黑色，骨、内脏为乌色，肉红色，少量有浅乌色；鸡腿粗壮、头大、冠大；冠包有乌色、红色两种，单冠，冠齿7~9个，公鸡冠大而直立、肉垂大，母鸡冠多偏向一侧；眼部虹彩金黄，耳叶多为绿色，次为白色。

景阳鸡

习性，生长环境

景阳鸡是地方鸡种中羽色独特、唯一的体形大的肉用型品种，具有个体大、性温顺、耐粗饲、产肉多、肉质好、味道鲜、营养价值高等优点，是目前国内稀有的肉用型地方品种资源。

二、营养及成分

景阳鸡肉质细嫩、味道鲜美、营养价值高，属富硒产品，在同类产品中独领风骚，与其他优质肉鸡相比营养物质含量更全面。

脱脂景阳鸡肉中总氨基酸含量高达89.0%，鲜味氨基酸和芳香族类氨基酸的含量分别达到21.7%和7.9%，各种人体必需氨基酸种类齐全，且比例均衡。

每100克景阳鸡肉部分营养成分见下表所列。

蛋白质	20.5克
氨基酸	20克
肌间脂肪	4克
维生素A	40毫克
维生素E	0.6毫克
硒	0.1毫克

三、食材功能

性味 味甘，性微温。

归经 归脾、胃、肝、肾经。

功能

景阳鸡肉具有滋阴补肾、补血益气和祛风湿等功效。

葛仙米炖景阳鸡

（1）材料：景阳鸡、油、葛仙米、猪肉、粉丝、金针菇、豆芽、榨菜、鲜蘑、葱、蒜、姜、食盐适量。

（2）做法：景阳鸡洗净放入2升水中，再加入葱段、蒜瓣、姜块，煮2~4小时；去除鸡骨、葱、蒜、姜，约存汤汁1升。大火烧油，陆续加入猪肉丝、粉丝、金针菇、豆芽、榨菜、鲜蘑爆炒1分钟起锅即得炒料。将炒料和葛仙米放入汤汁中加食盐少许，再大火煮1小时，即可出锅。

烤景阳鸡

（1）材料：景阳鸡、土豆、香菇、青椒、洋葱、孜然、食盐适量。

（2）做法：将整鸡清洗干净，土豆切成块，青椒切丝。把土豆和香菇、洋葱、青椒丝一起放入鸡肚中，再撒少许孜然、食盐于鸡表面。

烤景阳鸡

200℃预热烤箱，于鸡外层包一层锡纸，放入电烤箱进行烤制，上下火烤80分钟，最后从锡纸中取出烤景阳鸡并与炸好的土豆块、焯过水的西蓝花等装饰菜进行摆盘即可。

速冻景阳鸡

（1）预处理：选用健康的优质景阳鸡，宰后机械脱毛，冲洗干净。将翅从鸡颈切口向嘴方向穿出，使鸡嘴贴在翅根部，将翅头叠压在翅根部，鸡爪朝鸡腹方向弯折，挤塞入鸡腹切口内。

（2）加工：鸡与料液按照1∶1.2的比例腌制24小时。

（3）成品：腌制后沥干水分，真空包装；产品包装后，冷冻储存。

五、食用注意

（1）肝阳上亢及口腔糜烂、皮肤疖肿、大便秘结者不宜食用。

（2）患严重皮肤疾病者不宜食用。

鸡王镇宅

相传古代天下风调雨顺，五谷丰登，形成了大大小小的国家。而尧王定都平阳，平阳恰好处在这大大小小的国家中间，因而大家把这一带叫作中国。各国使臣经常到平阳去，拜见尧王，互赠礼品。

这一天，祇支国的大臣来见尧王，带来了一只神鸟。神鸟装在笼子里，笼门一开，那鸟钻了出来，抖抖翅膀高叫了一声，叫得婉转悠扬、声音脆亮。再瞧那鸟，头上大红色的冠戴很是显眼。

大家正瞧得出神，使臣说：“请大王和众臣看看它的眼睛。”

大家一看，奇怪呀，这鸟怎么有两个眼珠呢?

使臣见尧王和众臣好奇，说道：“这是只神鸟，它有两只眼珠，所以都叫它重明。它一飞冲天，可以和凤凰对唱，可以掠杀恶鸟猛兽。因此，才作为宝物献给大王。”

正说着，重明鸟闪动翅膀飞出殿去，尧王、使臣和众臣也相随出来。那鸟已落在院中的梧桐树上，放开嗓门，引颈长叫，这声音可不比宫中鸟声，天地人间都回荡着醉人的旋律。

声音未落，空中飞来一只金灿灿的凤凰，两鸟相逢，鼓翅相舞，桐树上流光溢彩，长空中歌声悠扬。众臣都止不住高声赞好，唯有尧王皱眉为难，怔了怔对使臣说：“这么好的国宝理应为子民效劳，我怎么能收礼贪宝?”

尧王不接受，要使臣带重明鸟回去。使臣见尧王态度坚决，跪地不起，说：“大王若不领受，小臣就无脸回去。你为众生传播谷种，调驯六畜，大旱年头，又亲凿水井，拯救了苍生，民众特意要小臣来献这神鸟。”

尧王听了好不为难，想了想，让大臣收下神鸟，又重礼赏给使臣，命他回去散发给民众。

使臣一走，尧王即告诉身边的大臣：“这样的神鸟，哪能蓄养在宫中独享，不如放飞出去，为天下子民除害灭祸。”

大臣遵命放了那重明鸟。重明鸟展翅飞上天去，翱翔一周，又飞回来落在梧桐树上。如此往返，每日多次，不见异常。周围子民纷纷传言，自重明鸟来了后，不仅豺狼虎豹没了踪影，就连蝎子、蜈蚣这些小害虫也不见了，都说重明鸟是镇家宝鸟。

又过了几天，重明鸟在梧桐树上长鸣一阵，展翅高翔，好久不见回来。众人方才明白，那声长鸣是重明鸟远行前和大家告别再见。重明鸟飞走后，子民怕恶兽毒虫祸害再来，于是画出它的模样，张贴在屋里，这就是流传至今的《鸡王镇宅》年画。

黑鸡

黑鸡物源雉科同，内外皆玄冠血红。
印尼兰博鸡尼鸡，亦属同科为亚种。
传统原禽为留鸟，地巢树巢不通用。
巢穴不同因不明，留待后人破译中。

——《黑鸡》（现代）欧阳穿石

一、物种本源

种属名

黑鸡，隶属鸟纲鸡形目雉科雉鹑属，又名鸬雉等，为中国特产禽类。

形态特征

成年公黑鸡鸡冠髯发达鲜红，挺胸翘尾，体呈马鞍形，冠形以单冠和玫瑰冠两种冠形为主；全身黑羽，颈、鞍部羽毛发绿色光泽。成年母鸡多为单冠、少量豆冠，部分有凤头，眼大突出，虹彩为褐色；部分母鸡颈部羽毛有黄黑相间的斑纹，其他全身羽毛黑色，尾羽发达，皮肤白色，胫部黑色或青绿色；体形紧凑，背部较平直，体似龙舟。雏鸡全身羽绒、头、颈、背及体侧均为黑色，前胸至腹部为灰白色。

习性，生长环境

黑鸡在我国多个地方都有养殖，品种包括德化黑鸡、峨眉黑鸡、和田黑鸡、旧院黑鸡等。

二、营养及成分

黑鸡肉基本营养成分如下：灰分含量为1.0%，蛋白质含量为22.9%，脂肪含量为1.0%。由此可知，黑鸡肉是一种高蛋白、低脂肪、低热量的健康肉类食品原材料。

三、食材功能

性味 味甘，性微温。

归经 归脾、胃、肝、肾经。

功能

（1）黑鸡肉具有滋阴补肾、补血益气和祛风湿等功效，民间常以黑鸡配各种中药做成药膳，治疗各种妇科病、胃冷痛、慢性肝炎、风湿性关节炎、气管炎及病后体质虚弱等症。

（2）黑鸡肉对治疗头痛、胃病、慢性胃炎、慢性肝炎、风湿性关节炎、哮喘、脑血栓、气管炎、宫颈炎、水肿、十二指肠溃疡、血崩、骨髓炎、产后虚弱、糖尿病等症均有效；对老人、儿童、妇女及久病体弱的人群补益尤为显著；是心血管病人的最佳营养补品。

四、烹饪与加工

山茶油炖黑鸡汤

（1）材料：黑鸡、山茶油、姜、食盐适量。

（2）做法：将黑鸡清洗干净，斩成块；黑鸡块下锅，焯水后冲洗干净。热锅倒入山茶油，下姜片；倒入黑鸡块，翻炒；炒好的黑鸡块倒入

山茶油炖黑鸡汤

容器，加适量凉水；放入蒸锅中隔水蒸炖2小时。加食盐调味，即可出锅。

黑鸡甲鱼汤

（1）材料：黑鸡、甲鱼、香菇、姜、食盐适量。

（2）做法：黑鸡清洗干净，切块备用；甲鱼清洗干净，香菇泡发，姜切片。将姜片、香菇、甲鱼放锅底，黑鸡放上面慢炖1小时，加食盐调味即可出锅。

黑鸡肉肠

（1）预处理：选用质地良好、色泽洁白、厚薄均匀的肠衣；将合格的原料黑鸡胸肉和猪肥膘肉自然解冻，肉表层发软为解冻良好。原料肉经修整，剔除筋、腱、皮等，清洗干净，黑鸡胸肉沿肉的纤维伸展方向切成宽2厘米、长5厘米的肉条，猪肥膘肉切成1厘米见方的肉丁，备用。

（2）加工：将适量的食盐、复合磷酸盐、硝酸钠、异抗坏血酸钠等添加剂混合均匀，送入0～4℃冷藏室内将原料腌制24～48小时。将腌制好的原料黑鸡胸肉和猪肥膘肉分别通过不同筛孔直径的绞肉机绞碎；将绞好的肉馅放入斩拌机内均匀铺开，黑鸡胸肉和猪肥膘肉低速斩拌10～15分钟，同时加入冰水降低温度，在斩拌过程中添加适量的淀粉、白糖、料酒、鸡精、胡椒粉、花椒粉等香辛料。制备好的肉馅放置约30分钟后，装入灌肠机内进行灌肠，灌好的肉肠每隔15厘米左右用线绳打结，并用针扎孔放气以利空气和水分排出；将烘烤后的肉肠于85℃左右蒸煮30分钟。

（3）成品：将冷却好的黑鸡肉肠用真空袋包装，并采用真空包装机进行封口。真空包装后的肉肠在高压灭菌锅中进行灭菌。将检验合格的肉肠进行包装，仔细检查封口情况和打印日期，然后贴标、装箱，入库保存。

五、食用注意

（1）感冒发热者、咳嗽多痰或湿热内蕴而见食少者、腹胀者、有急性菌痢肠炎者忌食。

（2）患严重皮肤疾病者不宜食用。

鸡鸣日出

很久很久以前，天上有九个太阳，大地热得像一块烧红了的铁块，人们的日子实在过不下去了。于是，人们请来了一位力气大、箭法准的勇士，让他把太阳射下来。

勇士拉开大弓，向着天空射出了八支箭，天上的八个太阳就“噼里啪啦”地落了下来。“哎呀，要杀死我了！”剩下的一个太阳吓得躲到了山背后，再也不敢出来了。

这一来，一个太阳也没有了，天地一片漆黑，人们的日子还是没法过，只好赶紧再把剩下的那个太阳给叫出来。

黄莺被请来了。它自以为是世上最好的歌唱家，对着山那边就骄傲地唱了起来，不料太阳不肯出来。云雀、画眉也来了，它们也像黄莺一样骄傲，太阳还是一点儿动静也没有。

最后，大公鸡说：“让我来试试吧。”它虽然不是什么歌唱家，但勤劳勇敢，嗓子也不坏。大公鸡对着山那边十分谦逊地高声叫了三遍，声音虽然不是十分美妙，但充满了真诚和热情。太阳被感动了，慢慢地从山后露出了笑脸。

从此，公鸡叫三遍，太阳跟着就出来了。

北京鸭

庶人常用贽，贵在不飞迁。
饱食待庖宰，虚教两翅全。

——《鸭》（宋）李觏

一、物种本源

种属名

北京鸭，隶属鸟纲雁形目鸭科鸭属。

形态特征

北京鸭全身羽毛纯白，略带乳黄光泽，体形硕大丰满，体躯呈长方形，构造均匀雅观。前部昂起，与地面呈30°～40°角；背宽平，胸部丰满、突出，腹部丰满、紧凑，两翅小而紧贴体躯，尾部钝齐，微向上翘起；头部卵圆形，无冠和髯，颈粗，长度适中，眼明亮。喙扁平，呈橘黄色；喙豆为肉粉色；胫、蹼为橙黄色或橘红色。

习性，生长环境

北京鸭有400多年的养殖历史。早期伴随明朝迁都北上，漕运繁忙，船工携鸭捡拾散落稻米，将南方特有的小白鸭带到北京，久而久之，落户的小白鸭成为专一育肥的肉用型鸭种。清朝，北京鸭成为清宫御膳，后传至民间，北京烤鸭随之诞生，成为中华饮食文化的代表。

北京属于暖温带大陆性季风气候。特殊的自然环境条件，造就了北京鸭强健的体质，使得北京鸭对气候环境有很强的适应能力和良好的抗病性能。

二、营养及成分

北京鸭皮脂率：33.4%～42.8%；肌内脂肪：2.2%～5.0%（胸肉）、4.7%～6.5%（腿肉）；胸肌率：8.1%～15.5%；腿肌率：10.6%～15.8%。

北京鸭肉中含维生素B族和维生素E较其他肉类多，含有较为丰富的维生素B_3，含有大量的不饱和脂肪酸。北京鸭的表皮中含有大量的胶原蛋白，有美容的功效。

三、食材功能

性味 味甘、咸，性寒。

归经 归脾、胃、肝、肾经。

功能

（1）北京鸭肉主大补虚劳、滋阴、清热、补水、养胃生津。

（2）北京鸭肉能抵抗神经炎和多种炎症。

（3）北京鸭肉对心脏疾病患者有保护心脏作用。

四、烹饪与加工

北京烤鸭

（1）材料：北京鸭、蜂蜜、生抽、料酒、食盐适量。

（2）做法：将北京鸭洗净，把鸭子架起来或者用一个酒瓶塞进鸭肚让

北京烤鸭

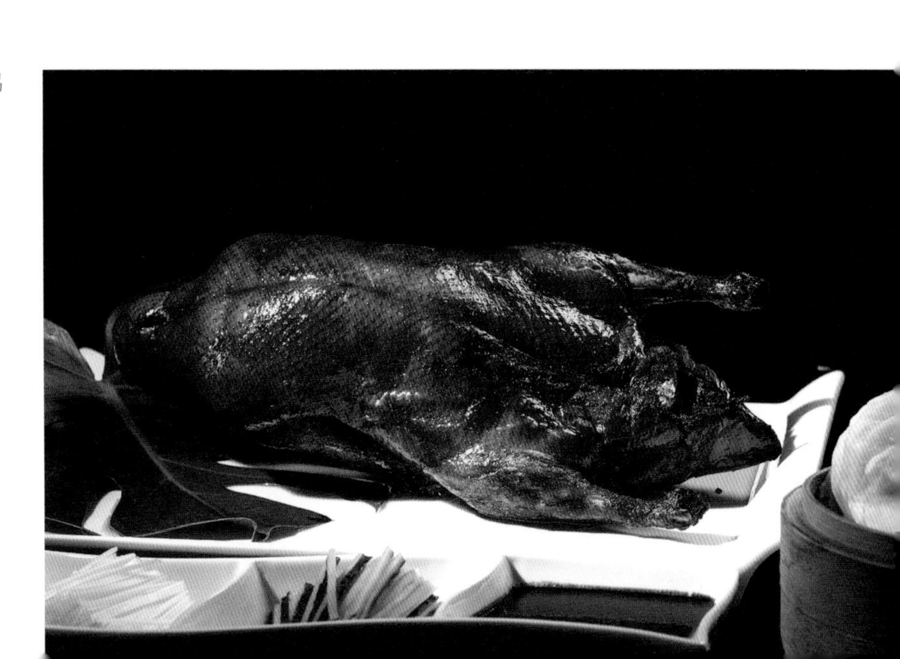

其能够直立；用开水慢慢地淋鸭身，看到皮肤收缩并出现毛孔即可。取生抽、料酒、食盐混合，均匀涂抹到鸭身上，静置1小时左右；取蜂蜜加水稀释，不宜太稠，均匀、多遍涂抹到鸭身上。将鸭子放置于阴凉地风干（6~8小时），待鸭子皮完全干燥即可烤，皮越干，烤出来越脆。温度调低到176℃烤40分钟左右，烤至上色成熟时出炉；将鸭子切成片即可食用。

辣炒鸭肉年糕

（1）材料：北京鸭、年糕、洋葱、芝麻、葱、辣酱、香油、白糖、生抽、油、白芝麻、食盐适量。

（2）做法：将北京鸭洗净斩块，年糕切条；将鸭肉放入开水中，煮30分钟去腥，捞出沥干水分，加入辣酱、香油、白糖、生抽，搅拌均匀，腌制。锅烧热，倒油，放入洋葱煸炒；放入腌制的鸭肉煸炒，用适量清水将剩余的辣酱搅拌，倒入锅内；放入年糕条，炖煮至年糕入味，汤汁浓稠，最后加葱碎、白芝麻、食盐即可出锅。

五、食用注意

（1）肥胖者、慢性肠炎者应少食。

（2）感冒患者不宜食用。

北京烤鸭的由来

北京烤鸭是风味独特的中国传统菜，其特点是外焦里嫩，肥而不腻，在国内外享有盛名。现已被公认为国际名菜。关于北京烤鸭的由来有三种说法：

一是北京烤鸭的历史可以追溯到辽朝，当时辽国贵族游猎时，常把捕获的白色鸭子带回放养，视为吉祥之物，这就是北京鸭的祖先。北京鸭喜冷怕热，北京地区春秋冬三季较冷，夏秋的溪流、河渠中水食丰富。当地人民创造了人工填鸭法，终于培育出了肉质肥嫩的北京填鸭。北京烤鸭，就是由这种肉质肥嫩的北京填鸭烤制的。

二是北京烤鸭始于南京。公元1368年，朱元璋称帝，建都南京。宫廷御厨将此鸭烹制菜肴，采用炭火烘烤，使鸭子酥香味美，肥而不腻，被皇府取名为“烤鸭”。朱元璋死后，他的四子燕王朱棣夺取了帝位，并迁都北京，这样，烤鸭技术也随之带到北京。

三是北京烤鸭始于便宜坊。据清代《都门琐记》所述，当时北京城宴会“席中必以全鸭为主菜，著名为便宜坊。”便宜坊开业于清乾隆五十年（1785年）。最初在宣武门外米市胡同。清末京城有七八家烤鸭店，并都以便宜坊为名。最初的烤鸭来自南方的江苏、浙江一带，那时称烧鸭或炙鸭，从业人员也是江南人。后来烤鸭传到北京后，才臻于完善。

高邮鸭

浦干潮未应，堤湿冻初销。
粉片妆梅朵，金丝刷柳条。
鸭头新绿水，雁齿小红桥。
莫怪珂声碎，春来五马骄。

——《新春江次》
（唐）白居易

一、物种本源

种属名

高邮鸭，隶属鸟纲雁形目鸭科鸭属，又名高邮麻鸭等，是全国三大名鸭之一。

形态特征

母高邮鸭全身羽毛褐色，有黑色细小斑点；主翼羽蓝黑色，喙豆黑色，虹彩深褐色，胫、蹼灰褐色，爪黑色。公高邮鸭体形较大，背阔肩宽，胸深、躯长，呈长方形；头颈上半段羽毛为深孔雀绿色，背、腰、胸为褐色芦花毛，臀部黑色，腹部白色；喙青绿色，趾蹼均为橘红色，爪黑色。

习性，生长环境

高邮鸭原产于江苏省高邮市，分布于江苏省中部，京杭大运河沿岸的里下河地区，属蛋肉兼用型地方优良品种。农家饲养历史逾百年，由于放养环境多为湖荡湿地，因此高邮鸭不仅生长快、肉质好、产蛋率高，而且因善产双黄蛋乃至三黄蛋而享誉海内外。

二、营养及成分

高邮鸭属于高蛋白、低脂肪的食物类型，能补充丰富的维生素B和维生素E。每100克高邮鸭肉主要营养成分见下表所列。

干物质	27.7克
蛋白质	19.6克
脂肪	3.6克

三、食材功能

性味 味甘，性寒。

归经 归肺、胃、肾经。

功能

（1）高邮鸭肉有滋补、养胃、补肾、消水肿、止咳化痰等作用。

（2）高邮鸭肉非常适合用于食疗失血血虚、小儿白痢等症。

（3）高邮鸭肉中饱和脂肪酸、单不饱和脂肪酸、多不饱和脂肪酸的含量接近理想值，化学成分近似于橄榄油，有降低胆固醇、预防心血管疾病的作用。

四、烹饪与加工

麻油鸭

（1）材料：高邮鸭、姜、料酒、芝麻油、醋、生抽、老抽、白糖、食盐适量。

麻油鸭

（2）做法：高邮鸭洗干净后，烧开水，加姜、料酒焯水。将高邮鸭放入锅中，加炖煮材料，再加清水至刚好没过鸭；大火烧开，慢火炖煮20分钟，再焖30分钟。另起一锅，将高邮鸭放入，将高压锅里的汤汁去除炖煮材料后倒进该锅，加入芝麻油、醋、生抽、老抽、白糖，大火烧开；用中火慢慢煨，将汤汁每隔一段时间浇在鸭身上，常将鸭翻面。根据个人口味添加食盐，至汁收干即可取出摆盘，再在鸭表面浇芝麻油即可。

芋头炖高邮鸭

（1）材料：高邮鸭、芋头、姜、葱、油、食盐、生抽、料酒、生粉、胡椒粉、白糖、老抽适量。

（2）做法：把芋头洗净去皮，切成小块，锅里放油，把芋头两面稍微煎一下出锅备用；把鸭斩成小块，放食盐、生抽、料酒、生粉、胡椒粉拌匀腌制15分钟。把砂锅水分擦干，开小火把锅略微烧热后倒油，待油烧热后，将姜片、葱段放进锅中爆香，鸭块倒入锅中；转中火，不断翻炒鸭块，炒至变色后，把芋头放进砂锅，加半碗水，适量白糖、食盐、老抽，翻炒均匀后，盖上盖子焖30分钟，不时开盖搅拌。待鸭肉和芋头焖到熟透后即可关火，为了口感更好，用余热再焖5分钟。

速冻鸭肉丸

（1）预处理：选择合格的鸭肉和鸭皮，流水解冻，清洗干净。将鸭肉和鸭皮切成小块，用绞肉机绞成肉糜。选择新鲜杏鲍菇，去梗后洗净，切成小块。大蒜剥去外皮，用水洗净后切成大蒜末。生姜削除腐烂、病害部分，洗净后切成生姜末。

（2）加工：首先将大豆蛋白粉、玉米淀粉和食盐混合，然后将其添加到预处理好的鸭肉糜中，边混合边添加杏鲍菇、蛋清、姜、蒜、十三香粉和水。将处理好后的鸭肉糜制成丸放入95℃水中，浮在水面时再煮7

分钟，捞出沥干水分，进行速冻。

（3）成品：将速冻好的鸭肉丸放入软包装袋中，进行真空包装，采用高压二次杀菌，逐一检查袋子的封口情况和破袋情况，经检验合格后，装箱，放入仓库。

五、食用注意

高邮鸭肉的蛋白质含量很高。蛋白质过敏者，慎食。

卤鸭的传说

金鸡湖边上有个地方，叫鸭盛里，这里养的鸭子很有名气。

有个农民叫周阿根，因为娘生病，就捉了十只鸭到苏州城里去卖。那时察院场口有个熟肉店，正在收鸭，周阿根急着要卖，讲好勿称斤两，十个铜钱一只成交。哪晓得，等把鸭往鸭笼里一放，那店主赵阿大赖皮，只给周阿根五十个铜钱。周阿根不卖了，但不卖也不行了，囤鸭的网笼子里已有上百只鸭，一下无法分辨，两人争了起来，引得一帮闲人都围拢来看热闹。

这时，正好来了解元老爷祝枝山，赵阿大晓得祝枝山爱打抱不平，就来个恶人先告状，打躬作揖说："祝大爷，我和你是近邻，你晓得我开店做生意规规矩矩，这个乡下人说我少给他五只鸭钱，明明是来寻事，大爷你帮我说句公道话。"周阿根也老老实实地把因娘生病卖鸭的经过讲了一遍。

祝枝山抬起头，眼珠转几转，就问周阿根："你养鸭用啥东西喂的？"周阿根讲："金鸡湖里有的是小鱼小虾，都是鸭食。"再问赵阿大，赵阿大说："祝大爷，俗话讲，牛吃稻柴鸭吃谷，我喂的是谷。"

祝枝山想了想，说："一个喂小鱼小虾，一个喂谷，要弄清是非，只好拿一百只鸭杀开来看，如果是十只，赵阿大你照付十只鸭钱之外，死鸭自己负责；如果是五只，周阿根你要赔还活鸭，死鸭归他拿。你说好不好？"周阿根一口答应，赵阿大也只好同意。不一会，上百只鸭全部杀光，仔细查看，有十只鸭肚里有小鱼小虾，店主赔钱不算，还坏了名声。

此刻正是六月天，天气热，赵阿大烧好了鸭，卖不出去，只好做了不少架子，把一只只鸭子挂在架子上。因为名声不好，还是卖不出去，他只好天天把鸭子在老卤子里回镬再烧。横烧竖烧，鸭烧得油光锃亮，还是卖不掉，赵阿大急得走投无路，只好带了两只熟鸭来恳求祝枝山帮忙。祝枝山听完情况，看看熟鸭，顺手撕一块尝尝。味道好极了！就说：“做生意要讲信用，要讲质量，叫信义通商，这鸭味道很好，一定能卖出去。”祝枝山提笔写了几个字“特别卤鸭，味美价廉”。经过他一题词，大家买来一尝，确实不假，加上赵阿大秤头公平，卤鸭生意一下兴隆起来，做卤鸭的手艺也就传了开来。

建昌鸭

鬓子伤春慵更梳，晚风庭院落梅初。
淡云来往月疏疏。
玉鸭熏炉闲瑞脑，朱樱斗帐掩流苏。
通犀还解辟寒无。

——《浣溪沙·鬓子伤春慵更梳》
（宋）李清照

一、物种本源

种属名

建昌鸭，隶属鸟纲雁形目鸭科鸭属。

形态特征

建昌鸭体躯宽阔、头大、颈粗为其显著特征。公鸭头、颈上部羽毛呈墨绿色，具光泽，颈下部多有一白色颈圈；公鸭尾羽黑色，有2～4根向背部卷曲；前胸和鞍羽为红褐色；腹部羽毛呈银灰色；喙黄绿色；胫、蹼橘红色，故称“绿头、红胸、银肚、青嘴公”。母鸭以浅褐麻雀色居多；喙橙黄色；胫、蹼多数橘红色。

习性，生长环境

建昌鸭主产于四川省凉山彝族自治州境内安宁河河谷地带的西昌、德昌、冕宁、米易和会理等县。建昌鸭产区属于热带季风气候区，年平均温度为17.4℃，年最高温度不超过36℃，产区分干、湿季节，多数时间为晴空万里，少有阴雨绵绵的天气，适宜养殖鸭禽。

二、营养及成分

建昌鸭育肥性好，全净膛率为85.6%，肌肉丰满紧密、光泽润滑、水嫩多汁，用手触摸湿润不黏手，肌纤维韧性强、有弹性。

每100克建昌鸭肉部分营养成分见下表所列。

蛋白质	19.5克
氨基酸	19克

脂肪	2.5克
灰分	1克
碳水化合物	0.5克

三、食材功能

性味 味甘，性平。

归经 归脾、胃经。

功能

（1）建昌鸭肉善补中气。

（2）建昌鸭肉中蛋白质含量比畜肉高，且脂肪、碳水化合物等含量适中。建昌鸭中的脂肪能够均匀地分布于全身组织，脂肪酸包含不饱和脂肪酸和低碳饱和脂肪酸，且饱和脂肪酸含量比猪肉、羊肉都少很多，对人体十分有益。

四、烹饪与加工

建昌鸭炖大豆

（1）材料：建昌鸭、大豆、花生、葱、姜、食盐适量。

（2）做法：将大豆和花生米泡一夜，清洗干净备用；将建昌鸭腿洗干净，斩大块；准备葱段、姜末，将建昌鸭腿、大豆、花生、葱段和姜末全部放入电压力锅，注入冷水，水位只要漫过食材即可；加压7分钟（注：加压时间过长，食物太烂，卖相和口感都不好），等到解压，加适量食盐搅匀即可盛入砂锅，上桌享用（注：如水太多就要在炉上收干点水分）。

建昌鸭烧腐竹

（1）材料：建昌鸭、青椒、西芹、葱、蒜、姜、腐竹、胡椒粉、辣椒酱、油、生抽、鸡精、白酒、食盐适量。

（2）做法：将建昌鸭斩成适合食用的小块，用水浸泡2小时，再烧水汆烫10分钟捞出备用，在泡发建昌鸭的同时把腐竹也浸入水里泡发；腐竹泡发后拧干水分。锅热加油，将腐竹在油中炸至金黄捞出备用；用锅中热油爆干姜片，转小火放入蒜头爆香，倒入鸭块翻炒几下，加入没过鸭块的水，并加入生抽、鸡精、胡椒粉、辣椒酱，烧至收汁的时候倒入白酒及青椒片进行翻炒；起锅前再放入西芹、葱段和食盐翻炒均匀即可上菜。

建昌板鸭

（1）预处理：选取体重为2.5～3.0千克的健康建昌鸭，宰杀、脱毛、去内脏，清水去除表面血污，除去多余脂肪等，挂晾沥净血水。

建昌板鸭

（2）加工：辅料按一定比例混合后，用盐水注射机多点注入鸭体，保持温度在10℃，真空滚揉，板鸭层层叠起，4℃腌制12小时。背部向上，将鸭体压平，胸骨处穿孔挂晾风干。

（3）成品：对鸭体进行修整，成品进行抽检，检测主要指标是否符合标准。

五、食用注意

（1）肥胖、慢性肠炎者应少食。

（2）感冒患者不宜食用。

建昌鸭的传说

古代建昌府有个穷秀才进京赶考，由于家里穷也没什么东西好带，家人就将家中喂养的两只鸭子宰了，用食盐加花椒腌制后让其带上。秀才一路上风餐露宿，等到了京城，早已饿得不行，于是切了半碗鸭肉，叫伙计煮饭时放到饭里一起蒸。

少时香气飘至街头，正遇皇帝微服满街闲逛，闻之不禁口水直流，遂循着香气进店来，问穷秀才可否分享这鸭肉给他。秀才虽穷却是个有胸襟的人，欣然同意。就着这碗鸭肉，推杯换盏两人谈得甚是投机，高谈阔论之时无意间秀才显露出自己的文采。离别时秀才又取出另外一只鸭子送与皇帝。皇帝暗自欢喜。金榜题名时，秀才高中榜眼，方才明白与自己谈天说地的乃是皇帝。秀才继而进翰林院，回家立牌坊，立府邸。自此建昌鸭成了进贡的贡品。

金定鸭

春草细还生，春雏养渐成。
茸茸毛色起，应解自呼名。

——《画鸭》（元）揭傒斯

一、物种本源

种属名

金定鸭，隶属鸟纲雁形目鸭科鸭属，又名华南鸭等，属蛋鸭品种，原产于福建省龙海市紫泥乡金定村，因此被命名为金定鸭。

形态特征

金定公鸭头大颈粗，身体略呈长形，嘴黄绿色，爪为黑色，蹼橙红色；头、颈上部羽毛为深孔雀绿色，具金属光泽，酷似野生绿头鸭，但无明显白颈环；后腰的背部及尾上、下部的伏羽为深黑色，具有金属光泽；卷羽4根，黑色，雏鸭的绒毛为黑橄榄色。母鸭全身披赤褐色羽毛，并有大小不等的黑色斑点，背部羽毛从前向后逐渐加深，腹部羽色暗淡，颈部羽毛褐色无黑斑，翼羽深褐色；喙青黑色，胫黄色，爪黑色。

金定鸭

习性，生长环境

金定鸭羽毛防湿性好，有利于在海滩高盐分环境中保持羽毛丰满、光泽、干燥。金定鸭耐粗食，抗病力强；体格强健，行动敏捷；具有产蛋多、蛋大、蛋壳青色、觅食力强、饲料转化率高和耐热抗寒特点。

二、营养及成分

每100克金定鸭肉部分营养成分见下表所列。

脂肪	19.7克
蛋白质	15.5克
碳水化合物	200毫克
钾	191毫克
磷	122毫克
胆固醇	94毫克
钠	69毫克
镁	14毫克
钙	6毫克
维生素B_3	4.2毫克
铁	2.2毫克
锌	1.3毫克
维生素B_5	1.1毫克
维生素E	0.3毫克
维生素B_2	0.2毫克
铜	0.2毫克

三、食材功能

性味 味甘，性寒。

归经 归肺、胃、肾经。

功能

（1）金定鸭肉有滋补、养胃、补肾、除痨热、消水肿等作用。

（2）金定鸭肉中蛋白质较多，碳水化合物和脂肪含量适中，且各种脂肪酸比例接近理想值，食用可预防人体动脉粥样硬化。

四、烹饪与加工

金定鸭粥

（1）材料：金定鸭、姜、葱、胡萝卜、大米、料酒、食盐、醋、白糖、老抽、葱适量。

（2）做法：金定鸭斩块洗净滤水，姜切丝，胡萝卜切丁。鸭肉去皮，将鸭皮小火煸油，直到酥脆，盛出备用。热火下姜丝，放鸭块爆炒至表面稍微金黄，放料酒、食盐、醋、白糖；加洗净后的大米，翻炒几分钟，加老抽翻炒直至有香味。砂锅加水烧至水开，放入翻炒好的鸭块和大米，大火煮至开锅后转小火煨20分钟左右。期间用勺子搅拌几次，顺便观察米熟的程度。水开10分钟后，加入胡萝卜丁，粥煮到合适的黏稠度时，关火，放葱花，即可出锅。

金虫草当归炖金定鸭

（1）材料：金定鸭、金虫草、当归、油、食盐、鸡精适量。

（2）做法：金定鸭斩成小块并放入冷水锅中烧开，焯烫，用凉水冲洗干净。金虫草和当归清洗干净即可，将鸭块、金虫草和当归放入电压力锅中；加入适量的水、油，炖2小时，炖好后，加入适量食盐和鸡精，即可。

麻辣风味鸭脖

（1）预处理：选用大小均匀、形态完整饱满无缺损的金定鸭脖，去除血污、绒毛等，清洗干净备用。

（2）加工：采用湿腌法，鸭脖与腌制液的比例为1∶1，腌制温度在4℃，腌制12小时左右，在腌制过程中，每2小时翻动一次。腌制好的鸭脖沥干后用沸水焯水后捞出，用清水冲洗血污后沥干。将水与麻辣风味卤水底料按一定比例配制后大火煮沸，然后控制温度在100℃熬制1小时，再添加麻辣风味卤水配料表中的其他原料。将焯水后的鸭脖投入麻辣风味卤水中，先加热煮沸，保持100℃沸煮10分钟，然后利用卤水自然降温的余热浸泡30~40分钟，捞出沥干冷却后表面刷熟油即可。

（3）成品：将卤制的鸭脖冷却后，采用真空包装机包装封口和高温杀菌，封口即为成品。

麻辣风味鸭脖

五、食用注意

感冒患者不宜食用鸭肉。

金定鸭的传说

从前，在九龙江畔金定村有一个养鸭能手，名叫郭海。他中年丧妻，后又续娶，前妻留下一个女儿名叫亚莲，后妻生一个女儿名叫亚贞。继母王氏平时好吃懒做，郭海因长期劳累病倒了。常言道："后母苦毒前人子。"王氏虐待亚莲，把养鸭重担压在年幼的亚莲身上，每日天还没亮就逼她出门放养鸭群。

一天傍晚，风雨交加，亚莲赶着鸭子回家，路上发现少了一只，这可把她急坏了！怎么办呢？回去吧，给后母知道得挨一顿毒打；不回去吧，这风雨夜到哪里去？她只得把鸭群偷偷地赶进鸭圈，趁后母不在，溜出去找丢失的鸭子。这时，雨下得更大了，亚莲冒着风雨，踩过一处又一处浅滩，越过一条又一条田埂，穿过一片又一片密林，不断地呼唤着，寻找着。

"呷——呷——"前面隐约传来鸭子的叫声，亚莲一听，心里高兴极了！上前一看，滩头有一座草屋，一位白胡子、白头发的老公公正坐在那里看鸭群。亚莲向老公公问道："白胡子老公公，您看见我的鸭子了吗？"

"你的鸭子可能钻进我的鸭群里了。"说着，白胡子老公公站起来，带亚莲到浅滩上去找。白胡子公公抱起一只肥母鸭问："这是你丢失的鸭子吗？"

亚莲摇摇头说："不，我丢失的鸭子没这么肥。"

白胡子公公又抱起一只大公鸭问："这是你丢失的鸭子吗？"

亚莲又摇摇头说："不，我丢失的是只又黑又瘦的小鸭子。"

最后，白胡子公公抱起一只又黑又瘦的小鸭子问："这是你丢失的鸭子吗？"亚莲仔细一看，高兴地朝白胡子老公公说："这正是我丢失的小鸭子，还给我好吗？"白胡子老公公说："诚实的姑娘，你把它抱回去吧！它会带给你好运的。”亚莲抱起那只又黑又瘦的小鸭子，高高兴兴地跑回家。这时，后母正站在门口，见面就破口大骂了她一顿。亚莲低着头钻进门里，跑到父亲的床前。父亲抚摸着亚莲湿漉漉的头发问：“孩子，这么大的风雨，你跑去哪里了呀？”

“找鸭子。”

“鸭子找到了吗？”

“找到了，在这里呢！”亚莲把抱在怀里的鸭子举了起来。

“啊！”父女俩几乎同时喊了一声，吃惊得说不出话来。

原来，亚莲抱回来的不是一只又黑又瘦的小鸭子，而是一只又肥又大的金鸭子。看了一会儿，后母问亚莲这金鸭子在哪里弄的，亚莲从来不撒谎，便把事情原原本本地告诉了父母。

听着听着，后母又骂开了：“哼，你这没出息的笨猪，你不会多抱它几只回来！”

第二天傍晚，又是风雨交加。贪心的后母逼亚莲带路，自己让亚贞扶着，腰上还缠了一条布袋，准备多抱几只金鸭子回来。母女三人边走边找，终于又来到白胡子老公公的草屋前。亚莲不敢上前说话，后母一心想多抱几只金鸭子回去，就跑上前说：“喂，老头子！我家一群鸭子跑到你的鸭群了。”

白胡子老公公笑呵呵地探头说：“金鸭子也会跑吗？”

后母说：“会跑不会跑我不管，反正你那群金鸭子大半是我家的。”

白胡子老公公还是笑呵呵地说：“是你家的就抱回去吧！”

后母巴不得白胡子老公公说这句话。她和亚贞赶忙冲下浅滩，解下腰布袋，专拣那最肥最大的母鸭装进布袋里。捉呀装呀，不一会儿，两只口袋都装得圆鼓鼓的，背不动，她俩就驮着走。走着走着又看见那里有叠金闪闪的金锭，贪心的后母又张口把两块金锭叼在嘴上，这才赶路回家。

一路上，她们走走停停，停停走走，天快亮时，才来到九龙江边。她们开始蹚水过江，趟着趟着，后母踩到一块圆石子，脚一滑，身子一斜，两只沉重的大口袋一歪，就跌倒在水里。亚莲和亚贞想拉，却拉不住。后母正想喊，口一开，两块金锭被吞进肚子里去了。亚莲和亚贞喊着："母亲——母亲——"却听不到回音。不一会儿，水里浮起一只又胖又大的母鸭，而后母和口袋却不知流到哪里去了。

亚莲和亚贞只好抱着这只肥母鸭回家，把前后经过告诉了病在床上的父亲。说来也奇怪，从此以后，这只肥母鸭天天都生一个大蛋，比别的母鸭蛋都大，敲开一看，里边的蛋黄有两个呢！

有人说这母鸭就是后母变的，因为她吞下了两块金锭后变成鸭子，所以生的蛋都有两个蛋黄，后人就把这种鸭子叫作"金锭鸭"，也叫"金定鸭"，后来这个村子也就叫作"金定村"了。

连城白鸭

已断鹰隼猜，仍叨主人惠。
皎洁静天姿，双栖莫相忌。

——《暇日六咏其一·双白鸭》
（宋）张耒

一、物种本源

种属名

连城白鸭，隶属鸟纲雁形目鸭科鸭属，又名白鹜鸭、黑嘴鸭等，是我国优良的地方鸭种。

形态特征

连城白鸭体形狭长，头小，颈细长，前胸浅，腹部不下垂；全身羽毛洁白紧密，公鸭有性羽2～4根；喙黑色，胫、蹼灰黑色或黑红色。

习性，生长环境

连城白鸭行动灵活，觅食力强，多产于福建省连城、长汀、上杭、

连城白鸭

永安和清流等县，主产区为连城县，在连城已繁衍栖息百年以上，连城白鸭具有独特的“白羽、乌嘴、黑脚”的外貌特征。连城白鸭生产性能、遗传性能稳定，是我国稀有的物种资源。

二、营养及成分

连城白鸭不仅肉质鲜嫩，还富含人体所需的17种氨基酸和10种微量元素，其中谷氨酸含量高达28.7%，铁、锌含量比普通鸭高1.5倍，胆固醇含量较普通鸭低。另外，连城白鸭含有丰富的维生素B和维生素E。

三、食材功能

性味 性甘，味寒。

归经 归肺、胃、肾经。

功能

（1）连城白鸭肉具有清热解毒、滋阴补肾、祛痰开窍、静心安神、开胃健脾的功效；长期食用，可强身健体、祛病益寿。

（2）连城白鸭肉有大补虚劳、清热健脾、虚弱浮肿等功效；对身体虚弱、病后体虚、营养不良性水肿等症有食疗效果。

四、烹饪与加工

连城白鸭汤

（1）材料：连城白鸭、食盐适量。

（2）做法：将鸭肉置于瓷质容器内，加少许清水；置锅中炖煮（先武火后文火；视鸭龄而掌握炖煮时间）。一般无须添加任何辅料，只需在炖熟起锅后加适量食盐即可。

卤白鸭

（1）预处理：健康的连城白鸭宰后热水煺毛，去除内脏，清洗干净，沥干水分。沥干的鸭放入一定量的食盐，均匀涂抹在鸭脖表面放于4℃左右腌制12小时。将腌制好的鸭再次用清水漂洗一次，沥干水分，放入烧开的清水中大火预煮10分钟备用。在卤锅中加入一定量的辣椒、花椒、八角、小茴香、白糖、油等，然后加入一定量老卤和清水，大火煮沸后小火熬煮1小时左右，待用。

（2）加工：将预煮过的鸭放入烧开的卤水中，加入料酒、鸡精、食盐、白糖等调味品，让鸭在卤水中卤制，卤制过程中控制加热温度，锅盖敞开，期间不定时搅拌，让卤水呈微沸状态，卤制一段时间后取出晾干。

（3）成品：将卤制的鸭体冷却整形后，采用真空包装机包装封口、高温杀菌、封口即为成品。

五、食用注意

有胃部痛冷、腹泻清稀、寒性痛经症状者以及肥胖者、动脉粥样硬化者、慢性肠炎者应少食鸭肉。

彭祖与连城白鸭

据说彭祖活到99岁的时候得了三种病，就是今天说的风湿、干咳和便秘。当时求遍名医无效，彭祖只好到无稽山请教无语禅师，无语禅师并非不会说话，而是认为：口开元气散，舌动是非生。所以自名无语，用以警诫自己。

这天，无语禅师获知彭祖来意后，思索片刻，就告诉彭祖："要治好你的病，很简单，你只要一直往南方走，到达福天福地之所、价值连城之处，涮米酒、炖白鸭、吃地瓜，就可百病尽除、身轻体健。"

于是，彭祖开始一路南行。走了七七四十九天，翻过九九八十一座山，一路走一路问，他终于走到了冠豸山下的文川河畔，第一次看到了全身羽毛雪白，黑嘴黑脚的鸭子。于是他停下脚步，问一放牛娃这是什么地方，那种鸭子叫什么名字？放牛娃说："这里是福建连城，那种鸭子叫连城白鸭。""福建连城，噢，对了。"彭祖拍着额头说："不正是福天福地，价值连城吗?"当天晚上，彭祖在好客的放牛娃家里吃上了连城白鸭，他发现不放任何调料只放盐巴的白鸭汤是自己平生吃过的最鲜美的汤。当天晚上，他睡上了一个好觉，更神奇的是，一觉醒来，他发现自己不再咳嗽了。天呀，白鸭汤的疗效竟这么神奇！放牛娃的妈妈告诉他说，还有更神奇的，连城白鸭是华夏唯一药用鸭，清凉解毒、滋阴降火，当地小儿出麻疹，不用服药，只需要将养了三年的连城白鸭一只清炖服下即可。从此，在连城期间，他不再吃自己发明的彭祖益寿鸡，因为连城白鸭的味道实在太美了。

又一个早晨，彭祖发现当地船工早晨也在喝酒，好客的主人一定要彭祖喝一碗，彭祖说自己风湿，不能喝酒，船工们一听，都笑了。他们对彭祖说：“这你就不懂了，我们这种酒，叫涮酒，是用糯米酒涮烫牛身上九个部位的精华活肉，再辅以鸭香、香藤根等草药共煮而成的，能活血化瘀、去除风湿，我们船工不怕风湿，靠的就是这涮九门头啊。”彭祖恍然大悟，于是加入了涮酒的行列，三天后，他的风湿不再发作了，他走路又是笔直笔直的了，他没想到这么好吃的涮酒竟有这么神奇的疗效。后来，连城人又教他每天晚饭后吃条蒸熟的地瓜，可解便秘，他发现果然一试就灵。他心花怒放，想要唱歌了，他唱出自编的三笑养生歌：“早晨笑一笑呀，青春又年少；中午笑一笑呀，激情再燃烧；晚上笑一笑呀，全天烦恼消。”一个被他情绪感染的连城钱姓女子，成为他第49个妻子，并且他们的后人就姓钱，就在连城繁衍生息。后来，他回到了彭城，心中却怎么也忘不了连城冠豸山美丽的风光、奇妙的美食。他经常唱着：“米酒白鸭红地瓜，彭祖老人最爱它，有空就到冠豸山呀，有我深深爱着的她……”

彭祖145岁那年，与世长辞。就在他去世的那年的6月12日，一块大岩石变成了彭祖的头像，连城人明白了彭祖的心思，一起对他进行了祭拜。于是大家都叫这岩石为彭祖岩或寿星岩。

临武鸭

金鸭余香尚暖，绿窗斜日偏明。
兰膏香染云鬟腻，钗坠滑无声。
冷落秋千伴侣，阑珊打马心情。
绣屏惊断潇湘梦，花外一声莺。

——《乌夜啼·金鸭余香尚暖》（宋）陆游

一、物种本源

种属名

临武鸭，隶属鸟纲雁形目鸭科鸭属，又名勾嘴鸭等。

形态特征

临武鸭体形小，颈细长，脚较粗大，觅食力强，适于野外放养。公鸭头颈上部和下部以棕褐色居多，也有呈绿色者；颈中部有白色颈圈，腹部羽毛为棕褐色，也有灰白色和土黄色，性羽2～3根。母鸭全身呈麻黄色或土黄色，喙和脚多呈黄褐色或橘黄色。

习性，生长环境

临武鸭是湖南省郴州市临武县特产，中国地理标志产品，中国八大名鸭之一，有着悠久的养殖历史，主产地为临武县武水河流域。县境属季风性湿润气候区，气候温暖，四季分明，热量充足，雨水集中，具有春暖多变、夏秋多旱，严寒期短、暑热期长的气候特征。

临武鸭

二、营养及成分

临武鸭富含人体所需的氨基酸，与其他鸭类相比，所含氨基酸种类多、含量高，谷氨酸含量是其他鸭种的2倍以上；肌苷酸含量比其他鸭种多，肉质极佳；脂肪中所含不饱和脂肪酸占80%左右，而饱和脂肪酸所占比例很小，脂肪酸比例结构对人体健康十分有益；鸭肉中的钙、硒等矿物质元素含量也较高。

三、食材功能

性味 味甘、咸，性凉。

归经 归肺、脾、肾经。

功能

（1）临武鸭肉具有滋阴养胃、利水消肿的作用；可用于骨蒸劳热、小便不利、遗精、女子月经不调等症的食疗。

（2）临武鸭肉富含脂肪酸，有利于消化；含有大量维生素B_3，对心脏有保护作用，还能抗衰老。

四、烹饪与加工

临武血鸭

（1）材料：临武鸭、油、姜、红辣椒、蒜、茴香、花椒、大料、桂皮、八角、食盐、葱、生抽、料酒、醋适量。

（2）做法：杀鸭时先准备一只大碗，碗里大约放4克食盐。鸭血滴在碗里时要用筷子不停搅拌直到将血筋挑出为止，此时鸭血便不会凝固。临武鸭斩小块备用。把油放进锅里，等油热后，将鸭块和葱、姜同时放入锅内，大火爆炒，等鸭块没有水汽了，再放食盐、生抽、茴香、花椒、大料、桂皮、八角及红辣椒。鸭肉炒至金黄后，加入料酒和醋。把锅中多余鸭油舀出，放入蒜头，然后放水，水要没过鸭肉。等锅里的水蒸发完四分之三时停火，把鸭血倒进锅后，用锅铲翻炒均匀，然后再把火打开。鸭血不能煮得太久，变色即出锅。

青椒炒临武鸭

（1）材料：临武鸭、青椒、红辣椒、姜、蒜、八角、桂皮、料酒、油、食盐、生抽、鸡精、胡椒粉适量。

（2）做法：将红辣椒洗干净，切段备用；临武鸭洗干净，除去内脏，斩成大小差不多的方块，料酒腌制去腥。锅烧热，加入油，油热后，放入鸭块，用小火煸炒；放入事先准备好的蒜、姜、八角、桂皮，加入适量食盐、生抽进行调味，一起翻炒至鸭肉色泽金黄，加水没过鸭肉，先用大火煨20分钟左右，再转换成小火焖10分钟，等待收汁后，倒出备用。锅内放少量油，将青椒、红辣椒煸出香味，放适量食盐，将鸭肉放入翻炒均匀，再放入鸡精、胡椒粉等进行调味即可。

青椒炒临武鸭

鸭肉腊肠

（1）预处理：选用经卫生检验合格的优质猪瘦肉，解冻，分割修整，去清碎骨、筋膜、油脂与积血部分。选取经卫生检验合格，经分割冷冻保存的鸭胸肉，经解冻、漂洗积血。猪瘦肉修整后，用切片机切片，漂去部分色素，与鸭胸肉一起用绞肉机绞成条状的肉糜，备用。

（2）加工：灌肠过程中，肠体的饱和量要适中，如肠身存留空气要用针扎排气，不得出现水尾肠。向灌肠机缸体重新填补肉料前，需将前一缸底肉清理后才能投放新料，清理出的缸底肉经搅拌均匀后再重新投入缸体灌制。

（3）成品：将腊肠挑拣、修剪后按规格称量，装入尼龙袋内抽真空，真空度为0.08～0.1兆帕。装入外袋，检验，装箱，出厂。

五、食用注意

体质虚寒者、易胃痛者、腰痛者应少食鸭肉。

临武鸭的传说

传说尧将帝位禅让给舜后，舜也像尧帝那样，亲自到各地巡视，了解民情风俗，体察民间疾苦。有一年，舜帝带领大臣、侍卫等来到湖南临武。在途经刘家村时，他的一名侍卫不小心被一条青蛇咬了一口，伤口发炎溃烂，队伍不能前进。众人便住在刘家村刘老汉家。好心的刘老汉带领村民攀高岩、登险峰，四处采集草药熬药。在大家的悉心照料下，侍卫的伤口很快就愈合了。

舜帝在临行前，为了感谢刘老汉一家，他从自己手中的扇子上抽出一根洁白的鸭毛，送给刘老汉，并叮嘱他可在急需时用。刘老汉有一个小儿子长得俊俏，只可惜头上长满了癞疮，导致他30多岁没有娶媳妇，全家人心急如焚。有一天，刘老汉忽然想起舜帝临走时对他说的话，赶紧取出那根鸭毛，用武江水煮沸，给儿子洗头，连续洗了三天，刘老汉小儿子光秃的头顶，慢慢地长出了黑发。

后来，大家都知道刘老汉的小儿子癞头被医好的事，便有媒婆上门说亲。不久，刘家将李家村最漂亮的姑娘娶回家，过上了和和美美的生活。而那根鸭毛则顺江而下，变成了一只体态优美的临武鸭，在美丽的武江上拍翅畅游。

三穗鸭

风乍起，吹皱一池春水。
闲引鸳鸯香径里，手挼红杏蕊。
斗鸭阑干独倚，碧玉搔头斜坠。
终日望君君不至，举头闻鹊喜。

——《谒金门·风乍起》
（五代）冯延巳

一、物种本源

种属名

三穗鸭，隶属鸟纲雁形目鸭科鸭属，又名三穗麻鸭等。

形态特征

公三穗鸭以绿头为主，头稍粗大，嘴扁平，颈至胸部羽毛为棕色，背部羽毛为黑褐色，腹部羽毛为浅褐色，颈部及尾腰部有墨绿色发光的羽毛，前胸突出，背平而长；腰小尾翘，脚细长；胫、蹼为橙红色，爪为黑色。成年母鸭毛色以深麻色居多，其次为浅麻色、瓦灰色，少数为白麻色、浅黄色。

习性，生长环境

三穗鸭原产于贵州省东部的低山丘陵河谷地带，以三穗县为中心，分布于镇远、岑巩、天柱、台江、剑河等县，属蛋用型鸭种，是中国优良地方蛋系麻鸭品种之一；具有体形小、早熟、产蛋多、适应性强和牧饲力强的特点，且肉质细嫩、味美鲜香。

三穗鸭

二、营养及成分

三穗鸭肉质细嫩、味美鲜香，且胆固醇含量低，富含硒、锌等微量元素。贵州省三穗县境内生产的三穗鸭，苏氨酸含量为4.3%，缬氨酸含量为4.6%，蛋氨酸含量为3.0%，异亮氨酸含量为4.1%，亮氨酸含量为7.8%，赖氨酸含量为7.8%，钴饰含量为1.7%，苯丙氨酸含量为4.1%，甘氨酸含量为4.6%，酪氨酸含量为2.9%，精氨酸含量为6.2%，天门冬氨酸含量为8.5%，谷氨酸含量为14.9%，丙氨酸含量为5.6%。

每100克三穗鸭肉部分营养成分见下表所列。

蛋白质	41.8克
硫	4.3克
钾	800毫克
钠	84毫克
磷	63毫克
镁	52毫克
铜	15.9毫克
钙	11毫克
锌	10.8毫克
铁	8.4毫克
维生素E	3.8毫克
锰	3.4毫克
维生素A	0.4毫克
维生素B_2	0.1毫克

三、食材功能

性味 味甘、咸，性平。

归经 归肺、脾、肾经。

功能

（1）三穗鸭肉可清热凉血、利水消肿、滋阴补虚。

（2）三穗鸭肉的营养价值很高，氨基酸含量高、胆固醇含量低，碳水化合物含量适中，脂肪均匀地分布于全身组织中，所以肉质细嫩、味美鲜香，绵密均匀，是天然健康食品。

四、烹饪与加工

黄焖三穗鸭

（1）材料：三穗鸭、魔芋、青椒、蒜、姜、西红柿、油、蚝油、红辣椒、豆瓣酱、花椒、食盐适量。

（2）做法：魔芋切片，用开水煮熟，备用；青椒切段备用；蒜瓣剥好，不用切；姜切片。三穗鸭斩成块，热油下鸭块爆炒，翻炒片刻倒入蚝油，继续翻炒。放入红辣椒、青椒段、蒜瓣、豆瓣酱、花椒，继续翻炒。加入热水没过鸭肉，放入西红柿、魔芋片。盖锅开大火，烧开后转小火焖煮1小时左右，加入适量的食盐，翻炒均匀即可出锅。

黄焖三穗鸭

三穗血浆鸭

（1）材料：三穗鸭、红辣椒、姜、蒜、葱、油、食盐适量。

（2）做法：将三穗鸭斩成块，并把鸭血保留下来倒入小碗中，将鸭块分为两个部分，一部分为小块易熟的，另外一部分则为大块鸭肉、内脏等；红辣椒切成长条形状，姜切片，蒜直接拍碎备用。开火热油，油量不要太多，先炒大块的鸭肉，等到大块鸭肉炒变色，再将小块的鸭肉倒入与其一起炒。等到鸭肉炒到有香味时，将红辣椒、姜片、蒜等调料加入一起翻炒，至炒熟。一边倒入鸭血，一边快速翻炒；不停地翻炒约5分钟后，将葱叶加入，并加入适量的食盐，翻炒均匀后，出锅。

四宝三穗鸭

（1）材料：三穗鸭、芽菜、火腿、香菇、玉兰、姜、葱、料酒、食盐、胡椒粉、鸡精、油、耗油、糖色适量。

（2）做法：取姜、葱、料酒、食盐、胡椒粉和鸡精放一起调匀后，抹在净鸭的身上，再放入冰箱里将鸭腌制1小时。把芽菜、火腿丝、香菇丝、玉兰片和姜丝入油锅，加热炒成馅料。锅中加开水，将鸭子放入，使鸭皮烫紧，鸭皮紧实后捞出来沥干水分，抹一层糖色再入五成热的油锅，炸至成金黄色再塞入备用馅料，用竹签封严口，送入蒸柜，蒸熟便取出装盘。将蒸鸭的原汁烧开，放入香菇片、火腿片和玉兰片，烧至入味后取出整齐地码在鸭身上，浇上用蚝油、鸡精、胡椒粉和糖色炒好的芡汁即可。

五、食用注意

忌多食三穗鸭。

三穗鸭的传说

清嘉庆年间，有一个姓宋的四川秀山鸭客，赶着30多只种鸭来到三穗青洞，他看见这里山清水秀，土净泉清，良田大坝，越野无边，气候温和，特别适合鸭子的繁殖生长。于是，他就在青洞定居下来，决定在这里发展鸭子产业。这位宋姓鸭客有一套养鸭的绝技，他饲养的鸭子与别的鸭子不一样，他养的鸭子不仅长得快，而且肉嫩、味鲜美，香脆可口。故而乡亲们将此鸭命名为“三穗鸭”。他为人谦和，待人真诚，又乐于帮助别人，便将自己养鸭的技术悉心传授给当地的乡亲们，不到几年工夫，养鸭的人就越来越多，三穗鸭的名声也就越来越大。周围的不少乡民都来这里买种鸭去饲养，就这样，三穗鸭成了当地老百姓的主要经济来源。

绍兴鸭

鸡鸭成群晚不收。桑麻长过屋山头。
有何不可吾方羡，要底都无饱便休。
新柳树，旧沙洲。去年溪打那边流。
自言此地生儿女，不嫁金家即聘周。

——《鹧鸪天·戏题村舍》
（宋）辛弃疾

一、物种本源

种属名

绍兴鸭，隶属鸟纲雁形目鸭科鸭属，又名绍兴麻鸭、浙江麻鸭、山种鸭等，因主产地位于浙江省绍兴市而得名，是我国优良的高产蛋鸭品种。

形态特征

绍兴鸭体躯狭长，蛇头暴眼，嘴扁颈细，背平腹大，臀部丰满，形似琵琶。根据毛色可分为红毛绿翼梢鸭和带圈白翼梢鸭两个类型。带圈白翼梢公鸭全身羽毛呈深褐色，头和颈上部羽毛呈墨绿色，有光泽，而母鸭全身以浅褐色为基色。

习性，生长环境

绍兴鸭行动敏捷，善于潜水觅食，生长速度快，成熟期短，合群性好，抗病力强，产蛋率高。

绍兴鸭以浙江省、上海市郊区及江苏的太湖地区为主要产区，江西、福建、湖南、广东、黑龙江等十几个省均有产出。

二、营养及成分

绍兴鸭肉具有较高的营养价值，含有丰富的蛋白质、脂肪、碳水化合物、维生素E、维生素B_1、维生素B_2，还有钠、氯、钙、磷、铁等矿物质，对人体健康十分有益。其中蛋白质的含量为16%~25%，比畜肉含量高得多；脂肪含量适中，约为7.5%，比鸡肉高，比猪肉低；大部分脂肪酸为不饱和脂肪酸，易于被人体消化吸收。

三、食材功能

性味 味甘，性寒。

归经 归脾、肺、肾、胃经。

功能

（1）绍兴鸭肉可用于辅助治疗阴虚水肿、身体乏力、大便秘结、贫血等慢性疾病。

（2）食用绍兴鸭肉有助于缓解上火、低烧、口干和水肿等症状。

（3）绍兴鸭肉中富含维生素B_3，对心脏有保护作用。

四、烹饪与加工

绍兴醉鸭胸

（1）材料：绍兴鸭胸、绍兴酒、当归、枸杞、食盐、高汤、酱汁适量。

（2）做法：取鸭胸，用刀子在其表面划出细格纹，用热水略焯去腥，捞起用冷水冲凉。在大碗中放入适量食盐、当归、枸杞进行调味，倒入绍兴酒浸泡入味。在锅中加适量水，放入姜片，加入焯过的鸭胸，水开之后盖上锅盖转小火，煮15分钟左右，关火后鸭胸在锅中放凉。鸭胸及高汤冷却后，按高汤和绍兴酒体积比2∶1的比例浸泡鸭胸，浸泡一个晚上入味即可。将入味的鸭胸切片，淋上少许酱汁，即可食用。

绍兴酱鸭

（1）预处理：将鸭宰杀，除去内脏，洗净后斩去鸭掌，用小铁钩钩住鸭鼻孔，在通风处晾干。

（2）加工：用食盐和火硝的混合物将鸭身涂抹均匀，放在缸内，用盖子盖住，石头压实。在0℃环境下腌制72小时，期间可将鸭子翻一次

绍兴酱鸭

身，出缸时将鸭腹中的卤水倒掉。再次将鸭子放进缸里，加生抽直至能够淹没鸭子，盖上盖子，用大石块压实，在0℃环境下腌制96小时后出缸，期间可将鸭子翻一次身。

（3）成品：用生抽、卤水将腌制好的鸭身淋至暗红色，捞出沥干，在太阳下放置两三天即可。

盐水鸭

（1）预处理：选用肥鸭宰杀拔毛后，切去鸭翅膀和鸭掌，然后取出全部内脏，把血污冲洗干净，再放入冷水里浸泡1小时，浸泡后挂起沥干水分。

（2）加工：将食盐放入鸭腹腔内，反复转动鸭体使腹腔内表面均匀布满食盐。将擦食盐后的鸭体逐只叠入缸中，经过12~18小时的腌制后，用手指插入肛门撑开排出血水后，将鸭放入卤缸，灌入预先配制好的老卤，再逐一叠入缸中，用竹片横竖盖上，石块压住，使鸭体全部淹在老卤中。煮前先将鸭体挂起，用10厘米左右的空心竹管插入鸭的肛门，并在鸭肚内放入少许姜、葱、八角，然后用开水浇淋体表，再放在风口处沥干。煮制时将清水烧沸，水中加入葱、姜、八角，把鸭放入锅内让开水灌入内腔。提鸭放水，再放入锅中，腹腔内再次灌入开水，然后再压上锅盖使鸭体浸入水面以下。停火焖煮约30分钟，保持水温在85~90℃。30分钟后加热烧到锅中出现连珠水泡时，即可停止烧火，倒出鸭内腔水，再放入锅中灌水入腔，盖上锅盖。停火焖煮约20分钟，即可出锅。

（3）成品：将腌制的鸭体整形冷却后，采用真空包装机包装封口和高温杀菌即为成品。

五、食用注意

身体虚寒，易胃痛、腹泻、动脉粥样硬化等人群应少食。

八宝姑嫂鸭

相传，八宝姑嫂鸭是由一个开小餐馆的姑嫂所创的，因烹制时有8种名贵配料而得名。

话说明朝成化年间，在绍兴城南舍子桥堍有一爿小饭馆，掌柜是姑嫂两人。嫂嫂姓张，小姑子叫翠姑，因这爿小饭馆临近绍兴府学宫，一些在学生员（明清时指通过考试入府、县学的人，俗称秀才）嫌学斋饭菜不好吃，常来这小饭馆尝鲜。加上姑嫂俩勤快和气，生意一直不错。

时来光顾的生员中，有一个上虞道墟的小伙，姓章名杞，仪表端庄，一来二往，和姑嫂俩逐渐熟络，并对翠姑产生了爱慕之情。无奈门户不当之世俗，正愁难成连理。

事有凑巧，章杞在省学院衙门做师爷的父亲捎来信，说学台大人将由他陪同微服来绍察访，下榻府学宫。府、县官员鉴于学台秉性耿直，不敢公开接待，觉得由章杞出面宴请学台和其父最为合适，就委以章杞此事。

章杞一介书生，接到指令后有些不知所措，忙跑到小饭馆与姑嫂俩商量。张氏略一思索，便表示："章相公放心，晚宴我来安排，保证学台大人和令尊满意就是。"

时日，宴请摆在府学宫的暖阁里，章杞和府学教谕作陪，宾主4人自由叙谈。酒过三巡，翠姑端上一道主菜，只见蓝花大瓷盘中，装着一只昂首贴翅的鸭子。当翠姑用刀割开鸭肚缝口，顿时浓汁四溢，香气扑鼻，惹得学台和章师爷频频动箸，啧啧称赞。

当询问此菜出于哪位名厨之手，章杞便如实禀告。学台感叹道："当今世道，崇尚奢侈，食必山珍海味，但这'八宝鸭'

就地取材，足可与任何美味媲美，就叫它‘八宝姑嫂鸭’吧。”从此，“八宝姑嫂鸭”美誉传遍绍兴府，并相沿成习，成为宴请新女婿的一道菜。如今，绍兴还流传着“吃了八宝姑嫂鸭，丈母娘忙煞，新女婿笑煞”的儿歌。

至于翠姑，因为章师爷爱吃这道菜，当场允婚，后来成了“秀才娘子”。

微山麻鸭

乳鸭池塘水浅深，熟梅天气半阴晴。
东园载酒西园醉，摘尽枇杷一树金。

——《初夏游张园》
（宋）戴复古

一、物种本源

种属名

微山麻鸭，隶属鸟纲鸭形目雉科原鸭属，为中国四大名鸭之一。

形态特征

微山麻鸭从外形上可分为青麻鸭和红麻鸭两种。青麻鸭，羽毛中有一条黑羽线，其边缘为暗褐色，背部羽毛多呈青色，翼羽带黑色。红麻鸭，每片羽毛中央有一条黑羽线，其边缘为红色，背羽、翼羽皆为红褐色。公鸭头颈羽毛均呈乌绿色，发光亮色泽，少数颈带白羽圈，尾部4～6根羽毛上翘。

习性，生长环境

微山麻鸭属小型蛋用麻鸭种；觅食力强，产蛋率高，肉蛋品质均好，遗传性能稳定。微山麻鸭主要产区分布在山东省南微山县、鱼台县等地。

微山麻鸭

二、营养及成分

微山麻鸭肉富含蛋白质、脂肪、碳水化合物、维生素等多种营养物质，其中蛋白质含量为16%～25%；脂肪含量为7.5%；维生素包含维生素B族、E族等。此外，微山麻鸭肉中钾、钠、钙等矿物质含量也十分丰富。

三、食材功能

性味 味甘，性寒。

归经 归肺、胃、肾经。

功能

（1）微山麻鸭肉可以滋阴、消肿，对于易上火、身体虚弱、食欲不振的人来说，多食是非常有益的。

（2）微山麻鸭肉可补气血，促进气血旺盛，使人精力充沛。

（3）微山麻鸭肉可滋补解毒，促进消化、中和胃酸。

（4）微山麻鸭肉含有丰富的蛋白质，可转化为复合氨基酸，具有滋补的功效。

四、烹饪与加工

啤酒鸭

（1）材料：微山麻鸭、青椒、红辣椒、八角、花椒、草果、姜、啤酒、油、食盐适量。

（2）做法：把鸭子洗净后斩成小块，青椒和红辣椒切段。锅里放上适量的油，等油烧热放入鸭块翻炒。待把鸭块的水分炒干，放入红辣椒、八角、花椒、草果、姜，倒进啤酒没过鸭块。大火烧开，再转入小

啤酒鸭

火慢慢炖，直到鸭肉煮熟，收汁后放入青椒、食盐，翻炒均匀即可出锅。

麻鸭炒粉皮

（1）材料：微山麻鸭、红薯粉皮、红辣椒、香菜、蒜、油、生抽、食盐适量。

（2）做法：麻鸭洗净后斩成小块，备用。再取红薯粉皮，掰碎用沸水泡；红辣椒切大块；香菜切指长段，蒜去皮拍碎，备用。锅里倒油并烧热，把鸭块倒入锅中，炒好盛出。再热锅，下红辣椒和拍碎的蒜末，炝出辣香和蒜香，下泡好的粉皮，加生抽、食盐调味。把炒好的鸭块重新倒进去，最后用一把香菜段增香，即可出锅。

鸭肉复合调味酱

（1）预处理：对冷冻微山麻鸭肉进行自然解冻，直至表层发软，清水洗净切块备用。葱、姜、蒜洗净切碎备用。将取出的鸭肉与一定量的食盐、料酒、香料拌和均匀，室温下腌制1小时后将鸭肉切为小块备用。

（2）加工：将油倒入锅中加热，加入葱、姜、蒜在热油中翻炒，待有香气飘出时，加入一定量的胡椒粉，迅速翻炒后加熬制的鸭汤，然后加热使其呈沸腾状态，加入食盐、白糖、醋等调味料，5分钟后冷却出锅得调味汁。锅中倒油，油锅温度为130℃左右时加入鸭肉块，迅速翻炒后加入适当的料酒去腥。待鸭肉炒熟，立即加入黄豆酱和花生，使其混合均匀。然后加入一定量的调味汁和溶解的卡拉胶，保持稍微沸腾状态，加热搅拌，调节好调味酱的色度和黏稠度后停止加热。

（3）成品：向熬制好的鸭肉酱中加入适量的山梨酸钾，混合均匀后装进玻璃瓶中，灌装后应尽快趁热封口，放入杀菌锅内，在110℃下杀菌15~20分钟，取出后迅速冷却至室温即为成品。

五、食用注意

身体虚寒的人群，特别是因为受凉而引起的食欲不振、胃部冷痛、腹泻及寒性痛经的人群不适合食用微山麻鸭。

武则天与虫草全鸭

武则天晚年体衰多病、咳嗽不止，太医什么药都用过，总不见有多少疗效。御膳房的康厨师跟随武则天多年，见她不思饮食，身体孱弱，便想着用家乡“冬虫夏草”炖鸡滋补身体的方法给武则天做一道试试看。但鸡是发物，他唯恐对武则天的病不利，于是用鸭子取而代之。鸭子炖好后，康厨师将其端给武则天品尝。武则天见汤里有黑乎乎似虫非虫的东西，以为康厨师要害她，便将其打进大牢。

御膳房的李厨师与康厨师是同乡好友，同情康厨师的不幸。他想，只有用冬虫夏草治好武则天的病，才能还康厨师清白。他扒开鸭子的嘴，把几棵冬虫夏草塞了进去，再放进锅里炖。武则天吃了觉得鸭子肉嫩、味鲜，此后每隔三两天便吃一次。一个多月后，武则天的气色好转，不再咳嗽了。这天，武则天邀请监察御史吃饭。李厨师端上了“虫草全鸭”，武则天说：“我的身体恢复得很好，得益于这道菜。”席间，武则天问监察御史如何处理康厨师谋杀一案，这时李厨师斗胆抢了几句话说：“康厨师的鸭汤里，那黑乎乎的东西是‘冬虫夏草’”。李厨师现身说法，把制作“虫草全鸭”的整个过程向武则天和监察御史做了表述，之后，从鸭子的嘴里取出了黑乎乎的东西。武则天沉思许久后吩咐人把康厨师从大牢里放了出来。

皖西白鹅

君因风送入青云，我被人驱向鸭群。
雪颈霜毛红网掌，请看何处不如君？

——《鹅赠鹤》（唐）白居易

一、物种本源

种属名

皖西白鹅，隶属鸟纲雁形目鸭科雁属。

形态特征

皖西白鹅雏鹅绒毛为淡黄色，喙为浅黄色，胫、蹼均为橘黄色。成年皖西白鹅全身羽毛洁白，部分鹅头顶部有灰毛，喙橘黄色，喙端色较淡，胫、蹼均为橘红色，爪白色，皮肤为黄色，肉色为红色。体形中等，体态高昂，颈长呈弓形，胸深广，背宽平，头顶肉瘤呈橘黄色，圆而光滑无皱褶。公鹅肉瘤大而突出，母鹅稍小。虹彩灰蓝色，部分鹅颌下带有咽袋。少数个体头颈后部有球形羽束，即顶心毛。

习性，生长环境

皖西白鹅原产于安徽省六安市大别山区，是中国优良的中型鹅种。该品种是经过长期人工选育和自然驯化而形成的优良地方品种，适应性强、觅食力强、耐寒耐热、耐粗饲、合群性强。主要分布在六安市的霍邱县、金安区、裕安区、舒城县和淮南市的寿县及合肥市的肥西等县，以及与六安市相邻的河南省固始县、淮滨县一带。

二、营养及成分

皖西白鹅肉含有丰富的营养成分，如蛋白质、脂肪、多种矿物质和维生素，具有良好的滋补作用。

三、食材功能

性味 味甘，性平。

归经 归脾、肺经。

功能

皖西白鹅肉可以健脾、养胃，缓解因脾虚气弱造成的消瘦乏力、食欲不振；对因气阴不足造成的口干少津、气短乏力等症也有很好的食疗恢复作用。

四、烹饪与加工

蒸鹅

（1）材料：皖西白鹅、欧芹、生抽、食盐、料酒适量。

（2）做法：皖西白鹅肉洗净，切成小块备用。将生抽、食盐、料酒按适当比例混合，均匀涂抹在鹅肉上，置蒸盆内，加上水，刚没过鹅肉即可。蒸盆放在蒸笼内，大火蒸1小时即可出笼，出笼后装盘，撒上欧芹装饰即可。

蒸　鹅

红烧皖西白鹅

（1）材料：皖西白鹅、冰糖、姜、花椒、红辣椒、黄豆酱、生抽、老抽、料酒、食盐、葱适量。

（2）做法：皖西白鹅杀好洗净并斩块。锅里烧开水，鹅块倒入锅中，待水再次烧开，用锅铲来回翻焯，直至把骨头与肉里的血水焯出。锅里倒油，油热后放入冰糖少许、姜、花椒、红辣椒（切碎）、黄豆酱翻炒，加适量生抽、老抽、料酒，加水完全没过鹅块，大火烧30分钟，转中低火烧1小时左右。待收汁后，放入食盐，翻炒片刻，撒上葱花即可。

卤皖西白鹅

（1）预处理：将皖西白鹅去毛洗净，除去内脏，斩去脚、翅膀，在胸口开一洞，将卤汁灌入肚子，放开水锅中煮5分钟，捞起，用清水洗净。

（2）加工：将卤汁洗净，和沙姜粉同盛布袋内；砂锅内放适量水，烧开，材料包放入锅中，放入鹅小火慢煲1.5小时左右，煲时要经常翻面，将卤汁淋到肚内。

（3）成品：待鹅肉熟透后，捞出放凉，斩件上碟，淋上少许卤汁即可。

五、食用注意

（1）因皖西白鹅不易消化，不宜食用太多。

（2）体质湿热者，尽量不要食用。

聪明的白鹅

有一只白鹅，独自住在森林里。

这一天，它在橡树下生了一个蛋，然后去吃饭。可到了太阳落山的时候，它回到橡树下，发现自己的蛋不见了，心疼极了。

第二天，它飞到树上，在树上又生了一个蛋，心想这下可保险了吧，应该不会再丢了。可是傍晚时分，蛋又不翼而飞了。

怎么办呢？白鹅来到镇上，找到铁匠说：“师傅，你给我造一座铁房子，我下一篮子的蛋给你。”

铁匠答应了，他的铁锤每敲一下，白鹅就下一个蛋，小铁房子造好了，篮子里的蛋也下满了。

白鹅拖着它的铁房子回到了森林里，狐狸来到橡树下找不到鹅蛋，它看到了一座铁房子，它想那准是鹅的住宅。于是，狐狸呼呼敲门：“白鹅大嫂开门，我是您的客人。”

“我不能开，你不是好人。”

“你不开，我可要砸门了！”狐狸捡了一块大石头“咣咣”地砸房子，可是房子很结实毫无作用，狐狸一看，实在不行就躲在暗处，想等机会下手。

这时，白鹅在铁房子里孵出了一群小鹅，狐狸看的口水直流，它又说：“鹅大婶，听说你有不少孩子，我给它们带来了面包、腊肠、果酱。”

“好啊，你从小窗子里递进来。”

“大婶，我想进去和你们一起吃顿饭好吗？”

“我的门打不开，你只能从窗户里爬进来，要不我用绳子拉你上来。”狐狸答应了，白鹅从窗户里递出了一条绳子，套住了狐狸的脖子。白鹅一家用力地拉呀拉，绳子是个活套，越拉越紧，最后，狐狸被吊死了。

狮头鹅

眠沙卧水自成群，曲岸残阳极浦云。
那解将心怜孔翠，羁雌长共故雄分。

——《题鹅》（唐）李商隐

一、物种本源

种属名

狮头鹅，隶属鸟纲雁形目鸭科雁属。

形态特征

狮头鹅全身羽毛及翼羽均为棕褐色，边缘色较浅，呈镶边羽。由头顶至颈部的背面形成如鬃状的深褐色羽毛带；羽毛腹面为白色或灰白色。体躯呈方形，头大颈粗，前躯略高。头部前额肉瘤发达，向前突出，覆盖于喙上。两颊有左右对称的肉瘤1～2对，肉瘤为黑色。脸部皮肤松软，皱褶。鹅的肉瘤可随年龄而增大，形似狮头，故称狮头鹅。

习性，生长环境

狮头鹅为我国民间培育出的优良品种，是世界上的大型鹅之一。狮头鹅原产于广东饶平县溪楼村，有200多年养殖历史。现中心产区位于广东省汕头市，在北京、上海、黑龙江、广西、云南、陕西等多个省、直辖市、自治区均有分布。

狮头鹅

二、营养及成分

狮头鹅肉中蛋白质是全价蛋白质、优质蛋白质，脂肪含量也较低，单一不饱和脂肪酸含量高，特别是亚麻酸含量超过其他肉类，易于被人体消化和吸收；富含多种矿物质元素，如钙、磷、钾、钠等。

三、食材功能

性味 味甘，性平。

归经 归脾、肺经。

功能

（1）狮头鹅肉具有益气补虚、和胃止渴、止咳化痰、解铅毒等作用。

（2）狮头鹅肉可以有效预防慢性病，缓解食欲过低、乏力、气短等现象。

（3）狮头鹅肉可以治疗和预防咳嗽、支气管炎，尤其对治疗感冒和急慢性气管炎、慢性肾炎、老年浮肿、肺气肿等有奇效。

（4）狮头鹅肉有助于提高免疫力，维持体内钾钠平衡，在冬季用于调补最为合适。

四、烹饪与加工

卤鹅

（1）预处理：将狮头鹅去毛，开腹取内脏，清洗干净，晾干。用食盐涂抹鹅身内外，将蒜、芫蔓头、姜按适当比例放入鹅腹内。锅加热，用小火炒香红辣椒，同八角、桂皮、甘草、丁香放在调料袋中，封上口，放在卤水锅里。

（2）加工：卤水锅内加入生抽、油、冰糖、姜、料酒等进行调味，

卤　鹅

小火加热至卤汁微沸。把鹅放进卤汁中，煨1.5小时左右，中间给鹅吊离汤翻身，促使鹅肉入味，然后捞起放凉。

（3）成品：晾凉后真空包装，可便于保存。

鹅肉发酵香肠

（1）预处理：将冷冻的狮头鹅解冻，去掉皮及脂肪层后，再将胸脯肉及大腿肉剔下，剔除肉中的筋腱，备用。将大块鹅肉和猪背脂分别切成块状，按比例称取食盐和亚硝酸钠放入原料中（猪背脂中只需用食盐腌制）充分拌匀，放置于4℃左右腌制12小时。将腌制好的原料肉及猪背脂分别放入绞肉机中绞碎，肉粒不要过大。将绞好的肉及猪背脂按一定比例称量混合，同时称取适量的淀粉、蒜、姜等辅料加入其中。将原料斩拌一定程度后加入发酵剂，充分斩拌均匀，时间不宜过长，防止温度升高。

（2）加工：采用灌肠器灌制，尽可能地减少空气的混入，保证肠体的饱满均匀；选择一定的时间和温度在恒温培养箱中进行发酵，在此期间防止温度的变化及其他有害菌的混入。

（3）成品：终止发酵，将肠放入90℃的水中保持20分钟以终止发酵；取出、包装即为成品。

香酥脆鹅

（1）预处理：选择1～2年生的健康鹅，宰杀、拔毛后斩去脚爪，然后在右翅下开口，取出全部内脏，把血污冲洗干净，再放入冷水里浸泡

1小时左右，除去体内残血。浸泡冲洗后挂起沥干水分，然后用花椒粉和食盐混合均匀擦抹鹅坯全身各部位，先擦腹腔，再抹外表，擦至食盐溶化为止。将鹅胸部龙骨扭断压平，然后将鹅坯放在容器中，腹部向上，将桂皮、八角、茴香等香料用布袋扎好放入鹅坯内，同时在鹅坯内加入黄酒和适量的葱、姜，将鹅坯连同容器一并放入蒸笼内，用旺火蒸煮鹅坯至八成熟，然后取出腹中的香料袋，晾干水分待用。

（2）加工：采用铁锅、旺火，快速炸制。铁锅加入足够的油，旺火烧至八成熟后，将鹅坯腹部向上，放在一个较大的漏勺上，一起送入油锅中，边炸边抖动漏勺以防黏连。炸至鹅坯能漂浮于油面，取出漏勺，鹅坯继续留在油锅内，用汤勺将沸油浇淋鹅坯的一侧，待炸至金黄、皮脆后再翻转鹅坯炸另一侧，炸至整个鹅坯变脆，用汤勺敲之有清脆声，即可捞出油锅，倒出腹油。

（3）成品：鹅油炸制完成后包装于耐高温塑料袋中，置于95～100℃沸水中保持20～25分钟。取出冷却即为成品。

五、食用注意

（1）皮肤疮毒患者、瘙痒症患者、痼疾患者不宜食用。

（2）肠胃虚弱者也不宜食用。

鹅　趣

白鹅长着白羽毛、鹅黄冠、红脚蹼，一摇一摆地走着。它吃的是草，长得又快又大，会下蛋，农村里有很多人家饲养它。它还会看家，碰到陌生人，就伸长脖子，拍打翅膀，“嘎嘎”地大叫，摆出一副搏斗的模样。狮头鹅的前额和颌下长有黑色的肉质冠髯，很威武，真有点卫士的风度。

鹅的祖先是雁，白鹅、灰鹅和狮头鹅都是人们培育的良种。鹅经过长期饲养，虽然已经失去飞翔的能力，却保留着祖先的一些特性：机警勇敢，对同伴相亲，对敌人警惕；遇到侵袭，群起而攻，这是在其他家禽中少见的。

公元前390年，敌兵夜袭罗马的一座城堡，守城士兵因节日狂欢喝得酩酊大醉，当敌军逼近，将要攻破城堡时，他们尚在沉睡。幸好守城士兵养的鹅，被敌军的脚步声惊动，大叫起来，把士兵唤醒，才得以击退敌兵。自此，罗马人把鹅看成“灵鸟”。

不久之后，苏格兰的一个瓦兰丁威士忌酒厂老板，用90只鹅做巡逻队来保卫酒库。由于鹅的听觉比狗还灵，一有风吹草动，就立即大叫起来。而且养鹅不需要太多照管，仓库附近有的是草，花钱不多。这些鹅群巡逻队担任警卫以后，酒库就从没发生过盗窃事件。

鹅还能帮人除杂草。江苏北部的棉农，常把鹅群赶进棉田，让鹅沿棉田垅把杂草除尽，却毫不伤害棉苗。我国农民在放牧鸭群的时候，常夹养几只雄鹅保护鸭群。

兴国灰鹅

我非好鹅癖，尔乏鸣雁姿。
安得免沸鼎，澹然游清池。
见生不忍食，深情固在斯。
能自远飞去，无念稻粱为。

——《道州北池放鹅》
（唐）吕温

一、物种本源

种属名

兴国灰鹅，隶属鸟纲雁形目鸭科雁属。

形态特征

兴国灰鹅羽毛呈灰色，初生时，仔鹅嘴尖有一个黄豆般大的黄白斑，脚呈青色。成年鹅为青嘴、黄脚，背呈灰色，胸腹为灰白色，背翅羽毛形成波纹。

习性，生长环境

兴国灰鹅已有1700多年的养殖历史，原产地江西省赣州市兴国县。兴国灰鹅喜在水中觅食、戏水、求偶、交配，因此它能在气候温和、地势平坦、牧草丰富、活水缓流的地方得到良好生长。兴国灰鹅耐粗食，喜群牧，抗逆性强。

二、营养及成分

兴国灰鹅肉及蛋含人体必需的铁、钙、磷、硒、锌等矿物质元素，高碘、低胆固醇，氨基酸含量丰富，是理想的保健食品。

三、食材功能

性 味 味甘、咸，性平。

归 经 归肺、脾经。

功 能

（1）兴国灰鹅肉可补虚益气，暖胃生津。体质较弱，气血不足，时

兴国灰鹅

常感到口渴、乏力的人可以经常食用鹅肉、喝鹅汤，以补充身体所需营养物质。

（2）兴国灰鹅肉可治疗肺气肿、预防咳嗽，尤其对治疗感冒和急慢性气管炎、老年浮肿、哮喘痰壅有良效。

四、烹饪与加工

粉蒸鹅肉

（1）材料：兴国灰鹅、大米、香叶、大料、丁香、荷叶、葱、蚝油、鸡精、白糖、甜面酱、香辣酱、芝麻油、胡椒粉、花椒、油、食盐适量。

（2）做法：将兴国灰鹅肉切成长方片，放入清水中浸泡去除血水。将锅置于小火上，放入大米、香叶、大料和丁香，炒至大米焦黄时将香叶、大料和丁香去除，大米研磨成粉末备用。将蚝油、鸡精、白糖、甜面酱、香辣酱、芝麻油和胡椒粉一同放入鹅肉片中并用手抓匀，腌制5分钟。再将鹅肉片两面蘸匀大米粉；将荷叶修整齐后，入沸水中汆过，然后捞出铺在笼屉中间。油烧热放入花椒炸出花椒油。将鹅肉片整齐地放在笼屉的荷叶上，用旺火蒸30分钟后取出，撒上葱末、食盐，浇上花椒油，即可出锅。

粉蒸鹅肉

香辣鹅肉干

（1）预处理：选用新鲜、优质的兴国灰鹅，剔除皮、筋腱、骨、脂肪。按肉的肌纤维方向，把肉切成块。将切好的肉块放在腌制液中进行腌制，温度为0～4℃，腌制时间为24小时。将腌制好的肉块放在清水中煮10～15分钟，除去血瘀。

（2）加工：取一定量初煮剩余的汤加入锅中。将香辛料用纱布包好后放入锅中，依次加入食盐、白糖、生抽等佐料，大火加热至水沸腾，加入初煮的原料肉，用中火煮1小时，再改用文火熬至汤干为止。当汤汁快被肉块吸收完全时加入料酒、鸡精。熬煮过程要注意不停搅动以免焦锅。将鹅肉块取出平铺于铁筛上烘烤，温度为60～70℃，时间为2～3小时。

（3）成品：将烘干的肉干冷却后，采用真空包装机包装封口和高温杀菌，封口即为成品。

芽菜鹅肉酱

（1）预处理：将健康的鹅宰杀后，浸烫于开水中5分钟后拔毛，拔净后开膛破腹取出内脏、肠子。将宰杀好的鹅洗净，于沸水中焯5~6分钟后捞出，沥干水分。再用干净不锈钢锅烧沸水，放入适量卤料熬制30分钟，将鹅肉倒入卤水中卤制15~20分钟，至鹅肉变金黄色即可捞出，沥干，冷却。将卤鹅的肉剔下，切成碎粒，称重备用。先用清水清洗芽菜，去除芽菜上的残留物，然后将芽菜剁碎，再清洗1遍，沥干，备用。

（2）加工：先向不锈钢锅里加入油，加热至120~160℃，放入红辣椒、八角等香料煸炒2分钟，将其捞出。接下来将蒜末、姜末放入热油中煸炒30秒，将鹅肉放入锅中用中火煸炒4分钟左右，随后加入沥干的芽菜，翻炒均匀后用小火炒制12~15分钟即可。

（3）成品：将炒制好的芽菜鹅肉酱装入罐中，放入灭菌锅中于121℃灭菌20分钟，即为成品。

五、食用注意

体热、高血压、动脉粥样硬化、易患皮肤病人群要少食兴国灰鹅肉。

黄鹤楼下一笔“鹅”

从前，黄鹤楼下的碑廊里有一方大碑，上面只写了一个“鹅”字，从远处看，它真像一只鹅正在引颈高唱；近看，才知是一笔写成的“鹅”字。这一个鹅字，到底是谁写的呢？武昌的老百姓都说它是王羲之的真迹。

相传，玉皇大帝在天宫门口修建了一座牌坊，想在上面镌刻“南天门”三个大字，可谁的字才配得上这座牌坊呢？他想来想去，看中了王羲之。可他知道王羲之一不想当官，二不爱钱财，还有一股读书人的傲气。怎样才能请动他呢？玉皇大帝见南极仙翁在一旁微笑不语，想到他定有办法，便让他到凡间来走一趟。

南极仙翁早听说王羲之特别喜欢鹅，就从王母娘娘那里借来了一群仙鹅，赶着它下凡来了。

这一天，王羲之正沿着长江观看两岸的美景，忽然看到一个老人赶着一群白鹅，心里非常高兴，便急忙上前，围着鹅群看来看去，嘴里不断夸奖：“好鹅，好鹅，这群鹅真好呀！”他对牧鹅老头施了一礼，要求卖几只给他。老头摸摸白胡子，笑着说：“如果先生真的十分喜爱鹅，那我就送给你几只吧。”王羲之心中大喜，连忙向老头道谢。他问：“这么好的鹅，是从哪里赶来的呀？”老头说：“地方可远呐，是从天南之门赶来的。”王羲之“啊”了一声，脑子里转来转去，想了很久还想不出“天南之门”在哪里。他怕是自己听错了，就用手指在老头手掌上一个字一个字地边写边问：“是不是这四个字？”老头微笑点头，等他刚写完字，匆匆忙忙赶着鹅群便走。王羲之眨了眨眼，只见老头骑上鹅飞向天空，一会儿就钻进白云不见了。王羲之再仔细看，见白云深处有一座巍峨的牌坊，上面写着“南天门”三个大字，还闪闪发着金光呢。他不由地赞叹道：“这三个字写得真好啊！”话刚说完，忽然醒悟过来：原来这字是刚才自己写的。

王羲之知道仙翁送的几只鹅是仙物，便精心养在鹅池里，每天都仔细地观察它们的神态，同时边看边练字，久而久之，就一笔写出这个“鹅”字来了。后人把它刻在石碑上，摆到了黄鹤楼下的碑廊里。

籽鹅

茅茨迷诘曲，度谷复逾陂。
世上事如许，山中人不知。
牛羊晴卧野，鹅鹜晚归池。
粗识为农意，秋输每及时。

——《宿庄家二首》
（宋）刘克庄

一、物种本源

种属名

籽鹅，隶属鸟纲雁形目鸭科雁属。

形态特征

籽鹅体形较小，略呈长圆形，头上额包较小，颌下垂皮较小，颈细长，背平直，胸部丰满略向前突出，腹部一般不下垂。羽毛为白色，多数头顶有缨状头髻，颈羽平滑而不卷曲，尾部短而平，尾羽上翘。眼虹彩为灰色，喙、胫及蹼皆为橙黄色。

习性，生长环境

籽鹅是我国优良的地方鹅品种之一，属小型鹅种，具有肉质好、抗寒、耐粗饲、生活力较强、性成熟早、产蛋多、在寒冷地区仍能保持高产等特点，也因其突出的产蛋性能而得名。原产地位于东北松辽平原，主产区位于黑龙江省绥化市和松花江地区，其中以肇东、肇源和肇州等市、县饲养量较多。

籽　鹅

二、营养及成分

每100克籽鹅肉部分营养成分见下表所列。

脂肪	22.5克
蛋白质	20.3克
磷	141毫克
胆固醇	83毫克
钙	9.5毫克
维生素B_3	6.2毫克
铁	4.9毫克

三、食材功能

性味 味甘，性平、微凉。

归经 归脾、肺、胃经。

功能

（1）籽鹅肉可补虚益气、暖胃生津，性似葛根，能解铅毒，可入药解五脏之热。

（2）籽鹅肉中氨基酸组成与人体所需氨基酸类似，脂肪含量较低，不饱和脂肪酸含量占比接近66%，其中亚麻酸的含量高达4%，对预防心血管类疾病十分有用。

（3）吃鹅肉、喝鹅汤对老年糖尿病患者的病情控制有着明显作用，同时还能补充营养物质；对治疗感冒和急慢性气管炎也有良效。

（4）长期在有铅中毒危险的环境中工作的人，进食鹅肉有解毒的功效。

麻辣籽鹅

（1）材料：籽鹅、青椒、红辣椒、蒜、葱、生抽、食盐、料酒、淀粉、醋、鸡精、芝麻油、清汤、油适量。

（2）做法：将籽鹅剔除大骨头，切成大小差不多的方丁，加入适量生抽、食盐、料酒等进行腌制，5分钟之后，用湿淀粉上浆。蒜切片，葱切段，青椒洗净去梗去籽，红辣椒洗净、沥干。用生抽、醋、鸡精、芝麻油、清汤和湿淀粉调芡汁。锅烧热，油烧至七成热炸鹅丁，小火炸至呈金黄色，捞出，沥干油。锅留底油烧五成热，下入红辣椒、蒜片等煸炒出香味，再次倒入鹅丁，加适量食盐进行调味，下入青椒并倒入芡汁，大火翻炒一会，出锅装盘即可。

麻辣籽鹅

香酥烤鹅

（1）预处理：选用成年健康的鲜活籽鹅，用水烫后拔毛，去除内脏，清水洗净，沥干备用。

（2）加工：预煮前进行清洗检查，发现残毛等污染物及时处理。预煮温度98～100℃，预煮时间30～35分钟。预煮汤内加入八角、桂皮、姜、葱、白酒等。经预煮后的鹅只，表面涂抹一层上色液。然后将胴体放入180～200℃油中炸至胴体表面呈酱红色为止。将油炸后合格的胴体沿着脊骨对开为两半，对开后的鹅只按每100千克加水120千克、姜1～1.5千克、桂皮1千克、大葱1.5千克，在夹层锅内焖煮30～60分钟，水沸后下锅。焖煮时，可加入适量白酒或黄酒。焖煮后捞起、放凉。

（3）成品：产品经临检后可适当调整，封口高温杀菌，即为成品。

鹅肉干

（1）预处理：选择好的原料鹅肉经去除脂肪、结缔组织及碎骨后，用清水冲洗干净，顺着鹅胸肉纤维的纹理切成薄片。

（2）加工：把切好的鹅胸肉放进烧开的水中，5分钟后等鹅肉颜色变白后捞起，沥干水分。在锅中加入清水，将纱布包好的卤料放入锅中，并依次加入红辣椒、姜等调味料。大火加热至沸腾，加入食盐、白糖和鸡精。然后放入鹅肉，再用中火煮制，待汤汁快干时，用文火熬制直至汤干为止。将煮后的肉片铺在有孔的筛子上，放入烘箱，烘箱为实验室的鼓风干燥机，烘烤时不需要开鼓风功能。温度设置为65～80℃，时间为2.0～3.5小时。

（3）成品：将烘干的肉片冷却后，采用真空包装机包装封口和高温杀菌，封口即为成品。

五、食用注意

（1）籽鹅肉不宜多食。

（2）肠胃易受凉者应慎食。

鹅的传说

古时候，有两个朋友。一个吃荤，一个吃斋。

一天，两人相约同游名山，各带粮食蔬菜，吃荤的带荤菜，吃斋的带斋菜。两人午息坡旁树下，各自生火，做菜煮饭。吃荤的把米下锅之后，便上山去折柴枝来烧火，吩咐食斋的朋友代为煮饭烧火，吃斋的朋友见食荤的朋友不在，顿起盗心，将他锅里的米一把一把地捞起，悄悄放进自己锅中。吃荤的手勤脚快，上气不接下气地背下一捆干柴枝，与食斋的共用。吃荤的锅中的米被偷而只剩很少，越煮越少，结果煮成一锅稀粥；食斋的越煮越多，煮成一锅干饭。

这件事被天上的观音娘娘看到了，她当即化成一个美丽窈窕的少女，乘风驾云来到他俩面前，想试一试他俩的心地。只见她捧腹倒在坡地上，哭哭啼啼地喊肚子痛。食荤的见状，急忙要上前去询问她痛得怎样，但食斋的却呶嘴阻拦道："非亲非故，不要去理她。"食荤的心地良善，不管他阻拦，毅然来到少女的身边，关切地细问她的病因。少女痛苦地说道："我有一个肚痛的病症，每当肚痛之时，只要我母亲的膝头堵在我的肚腹，便立即不痛了。"吃荤的便对她说道："你母亲这时不在，让我的膝头给你堵肚好吗?"少女喜出望外，请他快给她堵上。说也奇怪，那食荤人的膝盖刚堵上少女的肚子，少女的肚痛病立即消除了，食斋的责怪他道："她不是你的妹妹，你管她作甚?"少女听在耳里，明在心里，便向食荤的道谢："好人自有好报!"随后，便化成一阵清风飞上天去了。

相传，他俩死后，好心的食荤人仙化成佛，而那心地不好的食斋人却变成了鹅。

因此，自古以来，鹅是食斋的。

豁眼鹅

右军殁后欲何依，只合随鸡逐鸭飞。
未必牺牲及吾辈，大都我瘦胜君肥。

——《池鹤八绝句·鹤答鹅》
（唐）白居易

一、物种本源

种属名

豁眼鹅，隶属鸟纲雁形目鸭科雁属，又名豁鹅、五龙鹅等。

形态特征

豁眼鹅体形轻小而紧凑，全身羽毛洁白，喙、胫、蹼均为橘黄色，成年鹅有橘黄色肉瘤。眼呈三角形，眼睑为淡黄色，两上眼睑均有明显的豁口。虹彩为蓝灰色。嘴扁平，头较小，颈细稍长而弯曲，胸深广而突出，背宽平，腿短粗而有力，脚四趾粗壮，有蹼相连。公鹅体形稍短，呈椭圆形，有雄相；母鹅体形稍长，呈长方形。山东的豁眼鹅有咽袋，有腹褶者为少数，腹褶较小；东北三省的豁眼鹅多有咽袋和较深的腹褶。

习性，生长环境

豁眼鹅原产于山东省莱阳地区，其产区集中于五龙河流域。豁眼鹅产区的地理条件包括丘陵、平原和半山区。山东产区属海洋性气候的半岛地区，雨水充沛，气候温和，浅水渠塘较多。豁眼鹅产区的共同特点为草地植被茂盛，水源充足，农业生产发达，饲料丰富，具有发展养鹅业的良好自然条件。

二、营养及成分

豁眼鹅肉中干物质含量为25.3%，蛋白质含量为19.9%，脂肪含量为1.9%，灰分含量为1.0%，钙含量为0.2%，磷含量为0.2%。

三、食材功能

性味 味甘，性平。

归经 归脾、肺经。

功能

（1）豁眼鹅肉可益气补虚、和胃止渴、止咳化痰、解铅毒。

（2）豁眼鹅血有解毒、消热、降血压、降血脂、降胆固醇、提高机体免疫力、促进淋巴细胞的吞噬功能及养颜美容等功效。

四、烹饪与加工

清炖豁眼鹅

（1）材料：豁眼鹅、枸杞、香菜、葱、姜、料酒、油、食盐适量。

（2）做法：豁眼鹅去皮斩小块，放入热水中，加入料酒，焯一下撇去浮沫。锅中放油，倒入鹅块，翻炒之后放入准备好的葱、姜，翻炒片刻加入适量清水、枸杞，炖煮至鹅肉熟透加食盐调味，再加香菜即可出锅。

清炖豁眼鹅

烤豁眼鹅

（1）预处理：选用健康的优质豁眼鹅；将鹅的毛足全部摘除干净，去掉内脏，清洗干净。

（2）加工：将净鹅放入事先配好的由姜粉、五香粉、食盐、芝麻等制成的混合香料中，腌制12小时。

（3）成品：烤炉旋转烤制，出品。

五、食用注意

（1）温热内蕴者、皮肤疮毒者、瘙痒症者、痼疾者不宜食用。

（2）鹅肉过敏者不宜食用。

王羲之与“兰亭”鹅

在绍兴名胜“兰亭”鹅池，有一块“鹅池碑”，相传是王羲之父子同书的。王羲之当时刚写完一个“鹅”字，皇帝圣旨到了。王羲之连忙搁笔去接圣旨，这时，在旁边观看的独生子王献之拿起毛笔续写了一个“池”字，两个字一肥一瘦，相得益彰，后人称之为父子碑，在书法史上传为佳话。王羲之平时很喜欢养鹅，他把鹅的各种动态作为书法用笔的参考。

石岐鸽

稍稍枝早劲，涂涂露晚晞。
南中荣橘柚，宁知鸿雁飞。
拂雾朝青阁，日旰坐彤闱。
怅望一途阻，参差百虑依。
春草秋更绿，鸽子未西归。
谁能久京洛，缁尘染素衣。

——《酬王晋安德元诗》
（南北朝）谢朓

一、物种本源

种属名

石岐鸽，隶属鸟纲鸽形目鸠鸽科鸽属。

形态特征

石岐鸽体呈纺锤形；嘴短，基部被以蜡膜；眼有眼睑和瞬膜；外耳孔由羽毛遮盖，视觉、听觉都很灵敏。翼长大，善飞；羽毛颜色多样，以青灰色较普遍，也有纯白色、茶褐色和黑白交杂等。足短，外有角质鳞片，足有四趾，三前一后。颈基的两侧以上至喉和上胸闪耀着金属紫绿色；上背其余部分以及两翅覆羽和三级飞羽为鸽灰色，下背纯白，腰暗灰沾褐，下体自胸以下为鲜灰色，尾石板灰色，而末端为宽的黑色横斑，尾上覆羽灰沾褐，尾下履羽鲜灰色较深。雌鸟体色似雄鸟，但要更暗一些。

习性，生长环境

石岐鸽繁殖力强，年产卵25~28只；适应性强，喜群飞，耐粗饲，性温驯，毛质好，肉嫩，骨软，味美，在国内外享有盛誉，深受消费者欢迎。石岐鸽主要生活在农田及沙漠的绿洲之中，十多只以至数百只结群生活，以农作物的种子为食。

二、营养及成分

石岐鸽肉中含蛋白24.5%，含脂肪仅3%，因此人对鸽子肉的消化率高达97%。石岐鸽肉中所含蛋白质大部分是人体必需氨基酸，超过鸡、鸭、鹅等禽类。此外，鸽肉还富含钙、铁、铜等矿物质元素和维生素A、维生素B、维生素E，对人体十分有益。

石岐鸽

三、食材功能

性味 味咸，性平。

归经 归肝、肾经。

功能

（1）石岐鸽肉具有滋肾益气、补中益气、解毒等功效。

（2）石岐鸽肉的蛋白质含量多，脂肪含量低，易于消化吸收，营养价值高。

（3）石岐鸽肉含有一种叫作胆素的物质，胆素可有效降低胆固醇，预防动脉粥样硬化。

（4）对于术后的病人，石岐鸽肉可以起到益气补血的效果。

四、烹饪与加工

炸乳鸽

（1）材料：石岐鸽、鸡蛋、淀粉、葱、姜、食盐、生抽、白糖、白酒、油适量。

（2）做法：将石岐鸽宰杀，去毛，除内脏，洗净；切成两半，在沸水中煮10分钟，取出放凉。用食盐、生抽、白糖、白酒、葱、姜末等按比例混合，腌制鸽子1小时左右，期间需要多次翻转鸽子，以便更入味。鸡蛋打散，并和淀粉混合成糊状，均匀抹在鸽子表皮上，在油锅中开中火炸至金黄色，即可装盘食用。

炸乳鸽

清蒸石岐鸽

（1）材料：石岐鸽、金针、木耳、香菇、葱、姜、白酒、食盐适量。

（2）做法：用适量葱、姜、白酒、食盐等调制腌料，将洗干净的石岐鸽斩块，腌制30分钟。将金针、木耳、香菇先用水泡开，葱、姜切末，备用。将腌好的鸽块放在盆中，金针、木耳、香菇等放在鸽块上面，大约蒸15分钟即可取出食用。

烤乳鸽

（1）预处理：石岐鸽屠宰后投入65℃左右的热水中脱毛，再除去内脏，反复清洗，捞出沥干水分，放入腌制缸中。按比例将香辛料称好后，用料盒包好放入水中熬制10～15分钟，再加入食盐，待食盐溶解后过滤、冷却，加入白酒、白糖、硝酸钠（事先用水溶解），搅拌均匀，倒入腌制缸中，要求腌制液要浸没鸽体。

（2）加工：把白糖在火上加热炒至起泡时，加入部分开水和醋搅匀，将其倒入开水中煮沸，把备好的鸽子放入烫20～30秒，取出沥尽料液。把紧皮上色的鸽子放入240℃的烤炉中烤3～5分钟，至全身金黄色取出。再放入180℃的烤炉中烤20～30分钟，使鸽子烤熟，出炉。

（3）成品：将加工好的鸽子放入真空包装袋中真空封口，自然冷却降温，逐一检查袋子封口及破袋情况，合格的装箱贮存。

五、食用注意

胃热和积食者、性欲旺盛者及孕妇不宜食用。

忠诚的家鸽

古代周姓在板埠桥村是一个望族，曾经出过不少的朝廷官员，其中有一个周姓官员，文韬武略，甚得皇帝宠爱，官位连年升迁，最后升至宰相之职。

再说，当时鄱阳县也有一个在朝廷为官的人，见自己的同乡屡屡升官，如此走红，心生妒忌，总想加害于他。于是，他处处暗中窥视，寻找周宰相的把柄。

有一年，这位同乡官员回家探亲，得知周宰相家里建造了一幢非常豪华气派的房子，房子是模仿皇宫的样子建造的。这位官员喜出望外，心想："周宰相，你私自建造皇宫，这是要杀头的，这下看你还神气不?"

这位官员在家里的探亲假还没休完，就骑马日夜兼程赶回京城，把周宰相家里仿造皇宫的事告知了皇上，还添油加醋地说造皇宫就是有谋反之心。皇帝听说周宰相有谋反之心，立即龙颜大怒，派人把周宰相捉拿起来打入死牢，等候审查核实，秋后问斩。

都说伴君如伴虎，昨天还是一人之下万人之上红极一时的宰相爷，今天就成万人唾弃的阶下囚。周宰相坐在监狱里百思不得其解，不知哪里做错了。

直到有一天，周宰相的一个同门师弟来看他，才得知是他家里不知世事，建造的一座豪华房子惹的祸，怎么办呢？老家离京，千里之遥，如何同家里人取得联系呢？周宰相整天在监牢里苦思冥想，毫无办法。

这天，周宰相又在想如何逃脱此难时，突然一只鸽子从窗外飞进来，落在周宰相的肩膀上，"咕咕"地叫着，周宰相认出了是自己家的鸽子，于是就对它说：“鸽子你能救我吗？如果能你就点三下头。”鸽子就点了三下头。周宰相喜出望外，连忙把自己的内衬衣撕下一小块，咬破自己的手指写了一封血书，大意是叫家人把建造的房子赶快拆了，把废砖、废瓦清理干净，种上芝麻。信写好后他就把信绑在鸽子的脚上，说：“鸽子鸽子，你一定要三天三夜飞回家，不然的话我和我们周姓九族都要被问斩。”鸽子听到周宰相的话又点了三下头，然后就飞走了。由于鸽子听错了周宰相的话，把三天三夜听成一天一夜，鸽子飞到周宰相老家就活活累死了。周宰相家人，在鸽子脚上取下血信，得知情况严重，于是发动周姓全族，连夜把新屋给拆掉了，并且种上了芝麻。

没几天，皇帝派来调查的钦差，就来到了周宰相的老家，可并没有发现周宰相家里有什么豪华宫殿，原来说的宫殿的位置全部是长出来的绿油油的芝麻。

钦差回京城后把调查的事情向皇帝如实汇报了，皇帝大喜，马上把周宰相放出监牢并官复原职，把那个谎报军情、诬陷周宰相的同乡官员给杀了。

这样一来，周宰相一家和九族都幸免一难，这都是鸽子的功劳。于是，周宰相家人打了一口上好的棺材，把鸽子厚葬了，并规定板埠桥周氏后代永远不能吃鸽子。直至今日板埠桥周氏后人，还在遵守不吃鸽子的习俗。

塔里木鸽

孤来有野鸽，觜眼肖春鸠。
饥肠欲得食，立我南屋头。
我见如不见，夜去向何求。
一日偶出群，盘空恣嬉游。
谁借风铃响，朝夕声不休。
饥色犹未改，翻翅如我仇。
炳哉有露凤，天抑为尔俦。
翕翼处其间，顾我独迟留。
凤至吾道行，凤去吾道休。
鸽乎何所为，勿污吾锴瓯。

——《野鸽》（宋）梅尧臣

一、物种本源

种属名

塔里木鸽，隶属鸟纲鸽形目鸠鸽科鸽属，又名野鸽子等。

形态特征

塔里木鸽翼上横斑及尾端横斑为黑色，头及胸部具紫绿色带金属光泽，头、颈、胸、上背等均为暗灰色，下颈及上胸有些呈金属绿色和紫色闪光，背面余部淡灰色。尾具宽阔的黑端，但无白色横斑。雌雄同色，但雌鸟体色一般要暗一些。虹膜呈橙红色，基部呈紫红色。跗跖及趾为黄铜色或洋红色，爪黑色。

习性，生长环境

塔里木鸽耐受力好、繁殖力高、抗病力强，对饲料要求不高，以各类谷物为主饲料，主要采食虫子、天然作物种子及谷物。塔里木鸽常分布于我国新疆塔里木盆地，是绿洲中常见的鸟类之一。

塔里木鸽

二、营养及成分

每100克塔里木鸽肉部分营养成分见下表所列。

蛋白质	19.2克
脂肪	16.5克
碳水化合物	200毫克
胆固醇	130毫克
磷	112毫克
维生素B_3	7.1毫克
铁	4.7毫克
钙	2毫克

三、食材功能

性味 味甘、咸，性温。

归经 归肝、肺、肾经。

功能

（1）塔里木鸽肉有益于养气解毒、祛风和血、调经止痛。

（2）塔里木鸽肉中有大量维生素B，可以有效缓解毛发脱落、早衰、斑秃、白头等症状。

（3）塔里木鸽肉中含有的支链氨基酸和精氨酸能够促进蛋白质的合成，加快创伤愈合，对男性功能衰退也有一定的延缓作用。

（4）鸽骨内含有丰富的软骨素，能够改善细胞活力，增加弹性。经常食用对麻疹、恶疮等疾病的康复有促进作用。

| 四、烹饪与加工 |

塔里木鸽汤

（1）材料：塔里木鸽、葱、姜、蒜、食盐适量。

（2）做法：准备葱、姜、蒜等配料；塔里木鸽洗净斩成块，锅中加入适量水，鸽块与配料一同放入锅中，期间不加水，用小火慢煨2~3小时，再加食盐调味即可。

红烧乳鸽

（1）材料：塔里木鸽、姜、油、料酒、老抽、胡椒粉、食盐适量。

（2）做法：塔里木鸽收拾好，洗净；姜切好备用。锅中油烧热，爆香姜片和塔里木鸽；加入料酒、老抽；沿锅边加入适量冷水，大火煮开，小火慢炖30分钟。待汤汁渐少，撒入胡椒粉、食盐调味，即可装盘。

红烧乳鸽

香辣肉鸽

（1）预处理：选取健康、大小均匀的成熟塔里木鸽，绝食24小时后屠宰，热水煺毛、去内脏，清洗干净并沥干水分。按一定比例配制香辛料包备用。

（2）加工：香辛料和水配制成香辛料液，肉鸽在香辛料液中煮60~90分钟，注意翻动以便煮制均匀。捞出肉鸽并置于80~85℃烘烤室晾挂烘烤2~2.5小时，采用焦糖色素上色，每只鸽在烘烤后均应进行整形处理，即将头弯曲藏于翅之下，将脚扭转抓住腹部。

（3）成品：每袋装一只鸽，同时防止油污污染包装袋封口线。采用真空包装机包装封口和高压二次杀菌，冷却后，检查封口情况和破袋情况，经检验合格后，装箱，放入仓库。

五、食用注意

鸽肉味厚，吃完后会阻碍脾胃消化，消化不良者应少食。

秦始皇与“飞奴”的传说

“飞奴”就是鸽子。古时候，鸽子是一种传递书信的工具，所以俗称“飞奴”。秦始皇当政期间，魏君派人到咸阳请降，其实是暗中搜集秦国的军事情报，然后用鸽子将情报偷偷送回魏国。秦始皇得知后，怒不可遏，下令立即将咸阳的所有鸽子都杀掉，并分而食之。后来，秦始皇统一六国后，在庆典宴席上特设了“飞奴”这道菜。此菜一直相传至今，其制作方法各有不同、各有所长。

火鸡

火鸡特异雉，足观不足食。
修尾拖绅白，通身染黛黑。
昂藏亦头角，璘瑞亦羽翼。
于野昧三嗅，言家乏五德。
吐火幻讵真，破敌术非直。
无须罗网施，已见雌雄得。
宣付上林官，饲养俾孳息。

——《火鸡》（清）
爱新觉罗·弘历

一、物种本源

种属名

火鸡，隶属鸟纲鸡形目雉科火鸡属，又名七面鸟、吐绶鸡等。

形态特征

火鸡体长110～115厘米，翼展125～144厘米，体重2.5～10.8千克。嘴粗壮稍曲；头颈几乎裸出，仅有稀疏羽毛；喉下有红色肉垂，颜色由红到紫；背稍隆起。体羽闪耀着多种颜色的金属光泽；两翅有白斑；尾羽褐色或灰色，具斑驳，末端稍圆；脚和趾粗大。雄火鸡尾羽可展开呈扇形，胸前有一束毛球。

习性，生长环境

火鸡喜欢群居生活，性情温顺，行动迟缓。以植物的茎、叶、种子和果实等为食，它们也食昆虫、小型甲壳类动物、软体动作等。它们受

火 鸡

惊时会迅速跑到隐蔽的地方，飞翔力较强，能飞500～2000米远。平时栖于地面上，夜间结群宿在树上。

火鸡原产于北美洲的南部，现在还有野生火鸡的原种。我国养殖的以青铜吐绶鸡与白色荷兰吐绶鸡为主，山东与浙江养殖较多。

二、营养及成分

火鸡各个部位的营养成分不同，鸡胸肉为火鸡的主要食用部位。每100克火鸡鸡胸肉部分营养成分见下表所列。

蛋白质	22.4克
碳水化合物	2.8克
脂肪	300毫克
磷	117毫克
维生素 B_3	15.9毫克
铁	1.1毫克
维生素E	0.4毫克

三、食材功能

性味 味甘，性温、微热。

归经 归脾、胃经。

功能

（1）火鸡肉可益气健脾，对治疗心悸怔忡、头晕目眩、脾胃虚寒、食欲不振、久病体虚、腰膝乏力等症有良好的功效。

（2）火鸡肉和其他肉类相比较，蛋白质含量高，热量和胆固醇含量少，是补充蛋白质的佳品。

（3）火鸡肉的铁含量相当高，对于生理期、妊娠期和受伤需调养的人而言，是供应铁质较佳的来源。

（4）火鸡肉富含色氨酸和赖氨酸，可协助人体减轻压力、消除紧张和焦躁不安等症。

四、烹饪与加工

烤火鸡

（1）材料：火鸡、葱、姜、香菇、胡萝卜、笋、米酒、蒜、白酒、奶油、食盐、花椒、糯米、料酒、油、生抽、胡椒粉、五香粉、豉油鸡汁适量。

（2）做法：准备一个桶以能塞入整只火鸡为佳，桶内放食盐、花椒、葱段、姜片，加入热水使食盐溶化后，再注满水，把火鸡放入，腌制过夜，桶上压一重物以免火鸡上浮；糯米浸泡后隔夜沥干。把火鸡肝、火鸡心和火鸡胗等切丁，并用料酒腌制好。锅中加油，油热后，放入内脏丁、香菇丁，待香味溢出，放入糯米同炒，再放生抽，最后放入胡萝卜丁及笋丁翻炒后放入蒸锅蒸至八成熟，放一旁冷却，即为糯米饭。

烤火鸡

隔日把火鸡取出，丢弃所有腌料，再以米酒、胡椒粉擦满鸡身内外，内部擦少许五香粉。把凉却的糯米饭塞入鸡肚内，并缝好。蒜粒、豉油鸡汁、白酒、油调好一碗当涂料。火鸡放入烤盘，再以奶油涂满全鸡，包上铝箔纸以免过早烤焦，送入烤箱，每30分钟拿出用刷子涂上涂料，并随时查看翻身，烤4～5小时至鸡皮呈金黄色即可取出摆盘。

火鸡保健火腿

（1）预处理：按火鸡40%，猪肉60%（20%猪脂肪、40%猪瘦肉）比例，选择新鲜质优的火鸡肉和猪肉，然后切成小块。腌制时温度以4℃为最佳，采用湿腌法和盐水注射法混合腌制。

（2）加工：用压缩空气把肉块填入塑料肠衣或纤维肠衣内，然后在肠衣表面用不锈钢针刺孔，再用方形或圆形金属框固定成型。煮制30分钟，控制温度为75～80℃，煮制结束后，要迅速冷却。

（3）成品：将冷却后的成品火腿从金属盒中取出，检查有无肠衣破损现象，然后将无破损的成品包装后在4℃左右温度下贮存。

五、食用注意

火鸡肉性温热，凡实症或邪毒未清者，特别是热感冒者慎食。

给火鸡催蛋

据传，有一个寡妇，家里养了一只母火鸡，这只母火鸡每5~8天下一个蛋。渐渐地，寡妇觉得不满足了，她想："要是给母火鸡增加饲料中的营养，它下的蛋会不会又多又大呢?"从此以后，寡妇每天给母火鸡喂食时增加了很多谷物，并在谷物中增加了猪油渣等营养物。

这只母火鸡不停地吃啊吃，过了一阵之后，长成一只大肥母火鸡。可是因过于肥胖，母火鸡下的蛋越来越少，十天半个月也不下一只火鸡蛋，最后这只母火鸡索性地不生蛋了。

珍珠鸡

纪德名标五，初鸣度必三。
殊方听有异，失次晓无惭。
问俗人情似，充庖尔辈堪。
气交亭育际，巫峡漏司南。

——《鸡》（唐）杜甫

一、物种本源

种属名

珍珠鸡，隶属鸟纲鸡形目珠鸡科珠鸡属，又名珠鸡、山鸡等。

形态特征

珍珠鸡身体肥胖、头小。雄鸡头顶和羽冠为黑色，裸露的面部为蓝灰色；体羽主要为暗褐色，有皮黄色和暗褐红色的斑纹；翅膀和尾羽上有白斑和呈灰绿色、紫色或皮黄色虹彩的眼状斑，内侧飞羽上排成一列，外圈为黑色及淡皮黄色。雌鸡头顶为黑色并有棕褐色和皮黄色羽缘，冠羽为暗灰色，裸露的面部为蓝灰色，后头为栗褐红色，体羽有黑色杂斑和条纹以及褐红色、栗色和皮黄色的虫蠹状斑纹；虹膜褐色；嘴浅蓝色或白色；腿、脚近红色。

习性，生长环境

珍珠鸡善飞行，但遇到威胁时多奔跑逃走。栖息于低山林地中；胆

珍珠鸡

小，喜欢鸣叫；以植物的果实和昆虫等为食；繁殖期为5—7月。

珍珠鸡分布于泰国南部、马来西亚和印度尼西亚的苏门答腊、加里曼丹等地。我国于1985年首次从法国引入商品种鸡饲养，现已遍及全国各地。

二、营养及成分

珍珠鸡肉质细嫩、营养丰富、味道鲜美。与普通肉鸡相比，其蛋白质和氨基酸含量高，脂肪和胆固醇含量低，且含有多种人体必需氨基酸。

每100克珍珠鸡肉部分营养成分见下表所列。

磷	224毫克
钙	27毫克
维生素B_3	12毫克
维生素C	1.9毫克

三、食材功能

性味 味甘，性温。

归经 归脾、肺经。

功能

（1）珍珠鸡肉具有特殊的营养滋补功效，对神经衰弱、心脏病、妇科病等均有显著疗效。

（2）珍珠鸡肉对于治疗肝脏疾病、心血管疾病、神经衰弱以及营养不良等均可起到显著的作用。

四、烹饪与加工

红焖珍珠鸡

（1）材料：珍珠鸡、葱、姜、萝卜、蒜、油、生抽、食盐、醋、淀粉、胡椒粉、芝麻油适量。

（2）做法：将珍珠鸡剥皮，除内脏，洗净，斩成块，用开水焯去腥味，放入葱、姜，调味煨制10分钟。炒锅烧热，油烧至七成热，倒入鸡块，炒出汤汁，加萝卜块继续翻炒片刻。加入生抽、食盐、醋、葱、姜块、蒜瓣，大火烧开，盖上锅盖，焖一会；用湿淀粉勾芡，加胡椒粉、芝麻油，即可出锅装盘。

清炖珍珠鸡

（1）材料：珍珠鸡、枸杞、食盐适量。

（2）做法：将珍珠鸡清理干净后斩块，放入沸水中焯一下，再次洗净。将焯好的，鸡块放入锅中，加入枸杞和适量的水大火煮，再转小火慢煮至鸡肉熟烂加食盐调味即可。

清炖珍珠鸡

五、食用注意

感冒发热、内火偏旺、痰湿偏重之人，患有肥胖症、热毒疖肿之人，高血压、血脂偏高、胆囊炎、胆石症之人，肝阳上亢及口腔糜烂、皮肤疖肿、大便秘结之人，感冒伴有头痛、乏力、发热之人不宜食用珍珠鸡。

珍珠鸡

珍珠鸡原为野生禽类。肉质细嫩，鸡汤鲜美，具有特殊的营养滋补功能。珍珠鸡蛋白质含量高达23.3%，但脂肪含量仅约7.5%，此外还含有钙、磷、维生素C、维生素B_3，以及人体所必需的多种氨基酸。珍珠鸡因其营养价值高，一直是国际畅销的禽类，享有“动物人参”的美誉。

珍珠鸡虽然“秃头”，脑袋和脖子皮肤裸露，但是它们有自己的“小心机”，用红色的头冠或者骨质盔来弥补。而颈脖是蓝的，花里胡哨的就没那么秃了。它的身上有一身令人艳羡的贵气羽毛。墨色为底，点缀上排列整齐的白色珍珠状斑纹，更有灰绿色、紫色和皮黄色的眼状斑星星点点布满翅膀和尾羽。

蒙古亲藩宴是清朝皇帝为招待与皇室联姻的蒙古亲族所设的御宴。历代皇帝均重视此宴，每年循例举行。而受宴的蒙古亲族更视此宴为大福，对皇帝在宴中所例赏的食物十分珍惜。满汉全席的蒙古亲藩宴御菜三品中正有一道炒珍珠鸡。

中国番鸭

竹外桃花三两枝，春江水暖鸭先知。
蒌蒿满地芦芽短，正是河豚欲上时。

——《惠崇春江晚景》
（宋）苏轼

一、物种本源

种属名

中国番鸭，隶属鸟纲雁形目鸭科栖鸭属。

形态特征

中国番鸭是一种似鹅、似鸭非鸭的鸭科家禽，体形比家鸭大、比鹅小，体形前尖后窄，呈长椭圆形。头大，颈短，嘴甲短而狭，嘴、爪发达；胸部宽阔丰满，尾部瘦长。嘴的基部和眼圈周围有红色或黑色的肉瘤；翼羽矫健，长及尾部，尾羽长，向上微微翘起。中国番鸭羽毛颜色有白色、黑色和黑白花色3种，少数呈银灰色。

习性，生长环境

中国番鸭主产地包括湖北阳新县、福州市郊和龙海等地（分布于福清、莆田、晋江、长泰、龙岩、大田、浦城等市、县），在苏浙沪皖部分地区亦有产区。

中国番鸭

二、营养及成分

中国番鸭肉中富含人体必需的8种氨基酸、不饱和脂肪酸和多种营养物质；所含维生素包括维生素B_1、维生素B_2、维生素B_3和维生素E等。

三、食材功能

性味 味甘，性寒。

归经 归肺、胃、肾经。

功能

（1）中国番鸭肉有大补虚劳、滋五脏之阴等功效。

（2）中国番鸭肉对肺炎、哮喘、肺气肿、支气管炎、脑炎、中风、低血压、冠心病、痛风、糖尿病、甲状腺疾病、消化系统疾病、泌尿系统疾病等有食疗作用。

四、烹饪与加工

芋头番鸭

（1）材料：中国番鸭、芋头、红辣椒、姜、蒜、油、食盐、料酒、鸡精、淀粉适量。

（2）做法：将中国番鸭洗净，切除鸭头、颈、翅尖、脚掌，剔去大骨，斩成条，备用；将芋头洗净去皮，切成大小差不多的长条状，在开水中汆两次，捞出备用。大火，热锅，下入油，烧至七成热，将鸭条放入锅内煸炒至呈浅黄色出锅备用。在锅中倒入肉汤加热至沸腾，依次向锅中放入鸭条、芋头条，添加姜、蒜、料酒进行调味，烧至汁浓鸭软，加入食盐、鸡精和红辣椒翻炒，再用湿淀粉勾薄芡出锅盛盘。

芋头番鸭

冬笋番鸭汤

（1）材料：中国番鸭、冬笋、姜、料酒、食盐适量。

（2）做法：将中国番鸭洗净斩块，冬笋洗净去皮切滚刀状，放入锅中加开水焯烫，中国番鸭块也放入开水中焯烫并洗净，备用。将冬笋和中国番鸭块一起放入电压力锅，加入姜片、料酒等去除腥味，加适量清水，煲数小时后，盛出加食盐调味即可。

风味番鸭

（1）预处理：选用体重在1.5千克以上的健康中国番鸭，空腹宰杀放血，热水浸烫褪去羽毛，去除内脏，清水洗净、沥干。按比例（食盐与花椒的质量比为5：2），将食盐和花椒放入炒锅中，温火炒制，均匀翻动，炒过后自然冷却，再进行粉碎。将沥干的中国番鸭与食盐-花椒粉放入搅拌机中，正反搅拌，搅拌时间5~10分钟，待搅拌均匀后取出，将中国番鸭头扭向胸前夹入右腋下，平整地放入腌制缸内，在15℃以下的环境下腌制1天。腌制后出缸，用清水冲去肚内的血水，沥干。

（2）加工：将香辛料放入夹层锅中温火烧煮1小时，冷却后过滤，去上清液。加入生抽、食盐、白糖、白酒等配置腌制液。将沥干的干腌中国番鸭放入缸内，加入腌制液，将中国番鸭全部浸没，再放上架子，用物件压实，在15℃以下的环境下腌制3天，出缸。用25厘米长的竹子弯成弧形，放入肚内。使中国番鸭腔向两侧撑开，挂上铁架，沥干。将中国番鸭放入烤箱进行烘烤，烘烤温度为60℃，烘烤时间为7~10小时。隔天再次烘烤，共2次，维持番鸭的水分为60%左右。将烘制好的中国番鸭放置于温度低于15℃、相对湿度低于70%的房间内进行发酵，维持房间内的空气流通，放置时间为10天以上。

（3）成品：将发酵好的中国番鸭取下，放入软包装袋中，进行真空包装，真空度0.1兆帕，热封时间40秒。采用高压二次杀菌，冷却后，逐一检查袋子的封口情况和破袋情况，经检验合格后装箱，放入仓库。

五、食用注意

体寒及因受凉而食欲降低、腹泻拉稀、腰痛及寒痛之人应少食。

为什么鸭的嘴和脚是扁的?

很早以前，公鸡的头上有一颗美丽的明珠，鲜红、晶亮的，可爱极了！每天黎明之前，明珠闪闪发光，公鸡就伸长脖子高叫着，呼唤人们早起。鸭子很嫉妒，梦里都在打那颗明珠的主意，它无中生有地说，那颗明珠早先是它的，被公鸡借去不还，强行霸占了。邻居们嘲讽鸭子："真不自量力，凭它那摇摇摆摆、装腔作势的样子，自私自利、好嫉妒的德性，也不配拥有那颗美丽的明珠。"

那天，鸭子又在邻居面前说鸡的坏话，邻居们早就听厌烦了。正在这时，从墙外爬进来一只黄鼠狼，鸭子一见吓得狂呼乱叫"怕——怕"，边叫边跑，邻居们都不去理睬。黄鼠狼很快地扑过来，鸭子慌忙往晾衣竿上飞，飞上去没站稳，一个跟头栽了下去，被黄鼠狼捉住就跑。公鸡从外面回来，奋不顾身扑上去拦住黄鼠狼，高喊"捉——捉"，邻居们才一齐动手，团团围住黄鼠狼。黄鼠狼寡不敌众，放开鸭子，冷不防在公鸡腿上咬了一口，瞅个空子钻出重围跑了。公鸡负了重伤，还痛苦地劝告鸭子说："鸭子哟，不团结人不行啊……"

但鸭子那致命的自私嫉妒心驱使它仍在打着公鸡头上那颗明珠的主意。

那天，鸭子对公鸡说："你救了我的命，我该怎样感谢你呢？我教你凫水吧。一生难免有个三灾六难的，学会凫水以防万一。"公鸡觉得有理，便答应了。谁知刚一下水，鸭子迫不及待地把公鸡往水里按，公鸡拼命挣扎，好不容易才爬上岸，喘口气，定了神，才发觉头上的明珠不见了。公鸡忍无可忍，一把抓住鸭子找人评理，老好人的小羊从来不得罪谁，把双方都劝说几句便罢了；狡猾的小狗不等说完，便叫着“忙！忙！”借口走了；聪明的小猫，断定是鸭子有错，但顾虑自己难以主持公道，便建议他们去找德高望重的老黄牛。老黄牛是正直的，它清楚鸭子的许多丑恶行径，便把邻居们召集到河边，宣布了鸭子的罪状，并让鱼儿作证。鸭子开始大惊失色，接着便极力狡辩，撒泼吵闹。老黄牛气愤极了，坚实的蹄子一下踩在鸭子的脚上，鸭子痛得“嘎——嘎”惨叫，可是晚了，一双灵活的脚已被踩成了扁形，脚趾连在一起了，老黄牛还叫大家把鸭子的头按在石头上说：“鸭子一贯好说是非，谗言诬陷，再砸扁它的嘴，以儆后人。今后，公鸡要明珠，鸭子就到河里去寻找，找到为止！”从此，公鸡每天早晨就高叫着“还给我——还给我——”鸭子无可奈何，只好在河里扎一个又一个猛子，找寻失去的明珠。哪怕是见到一股小小的流水或一个小水坑，也要把扁嘴伸进去探一探，摸一摸。

参考文献

[1] 陈寿宏. 中华食材 [M]. 合肥：合肥工业大学出版社，2016.

[2] 陈国宏. 中国禽类遗传资源 [M]. 上海：上海科学技术出版社，2004.

[3] 赵正阶. 中国鸟类志：上卷（非雀形目）[M]. 吉林：吉林科学技术出版社，2001.

[4] 《中国家禽品种志》编写组. 中国家禽品种志 [M]. 上海：上海科学技术出版社，1989.

[5] 董淑炎. 中国食物营养保健大全：山珍野味分册 [M]. 北京：中国旅游出版社，1992.

[6] 李朝霞. 中国食材辞典 [M]. 太原：山西科学技术出版社，2012.

[7] 苗明三. 食疗中药药物学 [M]. 北京：科学出版社，2001.

[8] 李林，张月，程力，等. 禽类风味菜谱300种 [M]. 北京：北京农业大学出版社，1991.

[9] 李湘涛. 飞禽之谜：走禽与陆禽 [M]. 合肥：黄山书社，2010.

[10] 吴青林，辛洪芹. 新世纪农业新品种大全：养殖业卷 [M]. 北京：化学工业出版社，2015.

[11] 王清义，汪植三，王占彬. 中国现代畜牧业生态学 [M]. 北京：中国农业出版社，2008.

[12] 王雅鹏，刘灵芝，刘雪芬. 中国水禽产业经济发展研究 [M]. 北京：科学出版社，2015.

[13] 中一贝，刘慧懿. 食物营养与健康：肉蛋奶篇 [M]. 北京：中国物资出版社，2001.

[14] 赵卉，刘继永，刘操，等. 3种珍禽肌肉中氨基酸成分分析及营养评价 [J]. 食品科技，2014，39（11）：138-142.

[15] 陈雨. 烧鸡主体风味物质及其主要影响因素 [D]. 锦州：渤海大学，2019.

[16] 崔晓莹. 德州扒鸡感官品质评价及其指标体系的建立 [D]. 锦州：渤海大学，2019.

[17] 齐梦园，周媛媛，纪宗妍，等. 鸡肉产品加工研究进展 [J]. 农产品加工，2017，11：61-65.

[18] 张燕，胡冰，张倩. 鸡肉蛋白营养与功能特性的研究进展 [J]. 仲恺农业工程学院学报，2009，22（1）：66-71.

[19] 林春来. 五香烤鸡的加工 [J]. 肉类研究，2001（2）：33-34.

[20] 唐辉，吴常信，龚炎长，等. 文昌鸡肉质特性的研究 [J]. 畜牧与兽医，2006，38（7）：22-24.

[21] 周希，邵雪飞，熊国远，等. 淮北麻鸡和金寨黑鸡加工适宜性 [J]. 食品与发酵工业，2019，45（17）：181-187.

[22] 马新红，康相涛，孙桂荣，等. 不同饲养方式对卢氏绿壳蛋鸡肌肉品质的影响 [J]. 家畜生态学报，2009，30（5）：52-55.

[23] 李彦达. 雪峰山乌骨鸡肉丸的研究 [D]. 长沙：湖南农业大学，2016.

[24] 谭维君. 景阳鸡的开发与利用 [J]. 中国禽业导刊，2008，25（13）：46.

[25] 郑小江，向东山，肖浩. 景阳鸡氨基酸组成分析与营养价值评价 [J]. 食品科学，2010，31（17）：373-375.

[26] 李菁菁，邓中勇，杨朝武，等. 旧院黑鸡屠宰性能及肉品质测定 [J]. 四川农业大学学报，2017，35（2）：256-259.

[27] 曾建政. 德化黑鸡产业化发展存在的问题与对策 [J]. 福建畜牧兽医，2009，31（3）：42-43.

[28] 于然霞. 新编蛋鸭饲养员培训教程 [M]. 北京：中国农业科学技术出版社，2017.

［29］ 犀文资讯．名菜家做鸭鹅［M］．北京：中国纺织出版社，2011．

［30］ 苏伟，杨夫光，周晨光．三穗鸭肉脂肪酸组成分析及评价［J］．食品工业科技，2011，32（12）：438-440．

［31］ 胡跃．三穗血酱鸭加工工艺研究［J］．中国酿造，2014，33（1）：158-160．

［32］ 陈志炎，任俊．酱鹅加工工艺优化［J］．江苏农业科学，2013，41（12）：274-276．

［33］ 高海燕，朱旻鹏．鹅类产品加工技术［M］．北京：中国轻工业出版社，2010．

［34］ 李波．卤水及加工工艺对盐水鹅基本品质及风味的影响［D］．扬州：扬州大学，2019．

［35］ 周惠健．红烧老鹅加工工艺优化与贮藏品质的研究［D］．扬州：扬州大学，2019．

［36］ 李光全，刘毅，龚绍明，等．皖西白鹅与罗曼鹅屠宰性能及肉品质分析［J］．中国家禽，2020，42（3）：97-99．

［37］ 左晓昕，吴宁昭，朱振，等．豁眼鹅、皖西白鹅和浙东白鹅肌纤维特性的比较［J］．中国畜牧兽医，2015，42（1）：86-90．

［38］ 常新耀，刘长忠，张海棠，等．不同蛋白原料对豁眼鹅肉品质的影响［J］．广东农业科学，2011（4）：25-27．

［39］ 刘国信．我国肉鸽产业迎来发展机遇［J］．养禽与禽病防治，2018（3）：20．

［40］ 章辉，肖小年．火鸡开发与利用研究进展［J］．江西食品工业，2012（1）：46-48．

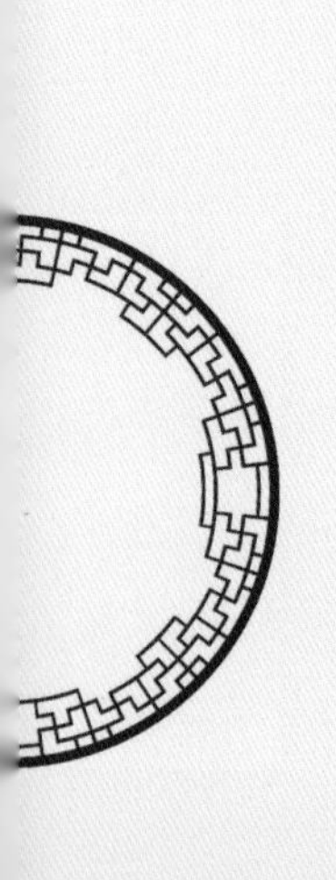